高等教育信息通信类专业系列教材

# 企业经营决策实战模拟

主　编　孙青华
副主编　史永琳　曲文敬

西安电子科技大学出版社

# 内 容 简 介

本书全面地介绍了企业经营决策的理论、方法、模拟规则、实战教学的过程及具体应用。全书共5章。第1章从企业经营决策基础入手，概括介绍企业经营决策的基本内容；第2章重点介绍相关决策理论，并对各种定量和定性的预测与决策方法进行了深入阐释；第3章介绍企业经营模拟的决策问题及一般规则；第4章结合实战任务，详细介绍企业决策过程以及规划求解、成本分析、会计分析、市场预测、相关分析等技术在企业经营决策过程中的应用；第5章以石家庄邮电职业技术学院开发的通信企业模拟经营系统(免费)为例，介绍通信企业经营模拟实战训练的相关内容。

本书可作为高职高专院校企业管理、工程管理、工程监理、统计分析、市场营销等专业的教材或信息管理、电子信息等专业的本科教材，也可作为企业领导力培训及企业管理人员培训的参考书。

**图书在版编目(CIP)数据**

**企业经营决策实战模拟**/孙青华主编. —西安：西安电子科技大学出版社，2020.8
ISBN 978 - 7 - 5606 - 5745 - 5

Ⅰ. ① 企… Ⅱ. ① 孙… Ⅲ. ① 企业管理—经营决策—教材 Ⅳ. ① F272.31

**中国版本图书馆 CIP 数据核字(2020)第 112884 号**

策划编辑 毛红兵
责任编辑 马晓娟
出版发行 西安电子科技大学出版社(西安市太白南路2号)
电 话 (029)88242885 88201467 邮 编 710071
网 址 www. xduph. com 电子邮箱 xdupfxb001@163.com
经 销 新华书店
印刷单位 陕西天意印务有限责任公司
版 次 2020 年 8 月第 1 版 2020 年 8 月第 1 次印刷
开 本 787 毫米×1092 毫米 1/16 印张 11
字 数 256 千字
印 数 1～3000 册
定 价 29.00 元
ISBN 978 - 7 - 5606 - 5745 - 5/F
XDUP 6047001 - 1
\* \* \* 如有印装问题可调换 \* \* \*

# 前　言

"企业经营管理"是一门实战性很强的课程，本书全面地介绍了企业经营决策理论、模拟规则、决策方法、实战教学的过程及应用。本书依托模拟系统，试图为每位学习者提供一个模拟的企业竞争和经营环境，力图使学习者通过每期的决策经营实战训练，增加对企业生产、市场影响、财务管理、人力资源规划等的认识，通过实战训练，掌握企业生产规划、成本分析、市场分析与预测等方法，能利用 Excel 的分析功能，建立相关的分析模型，并能对各种不同条件下的模拟运行结果进行评价、分析和优选。

对于市场竞争、企业经营这种复杂庞大的实际系统，人们往往找不到有效的分析方法。企业竞争的模拟决策教学方法，带有实验性质，容许出现错漏或失误，能够打消人们的顾虑，在模拟中对事物发展的各种可能趋势进行大胆的实验和探索。通过企业经营决策模拟，学习者能掌握经营企业的基本方法，同时可以避免对实际系统进行破坏性或危险性的实验，提高理论联系实际的效果。

本书采用活页教材模式，针对章节内容设置了学习工单和自评报告，配合教学仿真软件和网络资源，可让学习者身临其境地进行企业经营模拟实战训练，实现互动教学。

本书配有网络教学资源，各知识点都有相关的教案与动画。全书共 5 章，第 1 章和第 2 章由孙青华编写，知识点动画由史永琳完成，概括介绍企业决策的基本内容，重点介绍相关决策理论，对各种定量和定性的预测与决策方法进行了深入阐释；第 3 章由史永琳编写，知识点动画由孙青华完成，介绍了企业经营模拟中的决策问题及一般规则；第 4 章由孙青华编写，知识点动画由史永琳完成，结合实战训练任务，详细介绍企业决策过程及规划求解、成本分析、会计分析、市场预测、相关分析等技术在企业经营决策过程中的应用；第 5 章由曲文敬编写，知识点动画由曲文敬完成，介绍了通信企业模拟经营系统。

本书使用的通信企业模拟经营系统由孙青华策划，曲文敬开发完成。本书使用的相关网络竞赛平台，由石家庄邮电职业技术学院与河北唐讯信息技术有限公司联合开发完成，企业研发负责人为唐讯公司王玉江，系统设计人为石家庄邮电职业技术学院孙青华。

本书每一章都配有课程思政教学要求，同时，结合企业经营的实践，增加了企业文化教育等内容。

　　本书可作为高职高专院校企业管理、工程管理、工程监理、统计分析、市场营销等专业的教材或信息管理、电子信息等专业的本科教材，也可作为企业领导力培训及企业管理人员培训的参考书。

主编　孙青华

2020 年 5 月

---

**提示**

　　本书是立体化教材，扫描书上对应知识点的二维码可以进入视频和课件学习。

# 目　　录

# 第 1 章

# 企业经营决策概述

**本章重点**

- 企业经营决策的概念；
- 企业经营决策的主要内容；
- 决策的阶段划分；
- 企业经营决策的过程。

**本章难点**

- 决策的四个阶段需要解决的问题；
- 评价并选定方案；
- 决策者对决策的影响。

**课程思政**

- 将创新思维引入到教学中；
- 在课程中强化责任与担当教育。

**本章学时数** 10 学时

**本章学习目的或要求**

- 了解决策和企业经营决策的概念；
- 理解企业经营决策过程中各阶段的主要任务；
- 掌握企业经营决策的主要内容；
- 能够通过本章的内容对决策和企业经营决策有一个全面的了解。

美国《财富》杂志于 1955 年所列出的全球 500 强企业，今天只剩下了 1/3。世界上 1000 家破产倒闭的企业中，有 850 家是因决策失误造成的。国家审计署统计数据表明：2002 年因决策失误造成国有资产损失 72.3 亿元。

企业管理的核心是决策。正确的决策决胜千里，错误的决策南辕北辙。

决策是一项技能，可以通过学习和训练掌握，并不断提升。

企业经营决策的概念

## 1.1 企业经营决策的概念

**1. 企业经营决策**

企业经营决策（Business Decision of Enterprise）是指企业对未来经营发展的目标及实现目标的战略或手段进行最佳选择的过程。

经营决策是企业全部经营管理工作的核心内容。在企业的全部经营管理工作中，决策的正确与否，直接关系到企业的兴衰成败和生存发展。

**2. 决策的概念**

决策是人们在政治、经济、技术和日常生活中普遍存在的一种行为；决策是管理中经常发生的一种活动；决策是决定的意思。决策是为了实现特定的目标，根据客观的可能性，在一定信息和经验的基础上，借助一定的工具、技巧和方法，对影响目标实现的诸因素进行分析、计算和判断选优后，对未来行动做出决定的行为。

从上述定义可以看出，决策就是一种选择，按照管理的思想，我们可以把它分为计划、组织、领导、控制四个阶段，每个阶段需要解决的问题如表 1-1 所示。

表 1-1　决策的阶段

| 计　划 | 组　织 |
|---|---|
| 组织的长期目标是什么？<br>组织的短期目标是什么？<br>采取什么策略来实现组织目标？ | 招聘多少人员？<br>权利如何分配？<br>采用何种组织形式？ |
| 领　导 | 控　制 |
| 如何对待积极性不高的员工？<br>如何解决出现的纷争？<br>如何贯彻某项新措施？ | 组织中哪些活动需要控制？<br>偏差多大时才采用纠偏措施？<br>出现重大失误时怎么办？ |

决策的概念表明：决策的主体既可以是组织，也可以是组织中的个人；决策要解决的问题，既可以是组织或个人活动的选择，亦可以是对这种活动的调整；决策选择或调整的对象，既可以是活动的方向和内容，亦可以是在特定方向下从事某种活动的方式；决策涉及的时限，既可以是未来较长的一段时期，亦可以是某个较短的时段。

从决策主体来看，可将决策分成组织决策与个人决策。

组织决策是组织整体或组织的某个部分对未来一定时期的活动所做的选择或调整。组织决策是在环境研究的基础上制定的。通过环境研究，认识到外界在变化过程中对组织的存在造成了某种威胁或提供了某种机会，了解了自己在资源拥有和应用能力上的优势或劣势，便可据此调整活动的方向、内容或方式。和组织的其他活动一样，组织决策也是依靠组织的某些成员来进行的。因此，"组织决策"更准确地说应是"为了组织的决策"。既然是通过组织成员来进行的，那么组织决策必然要受到参与者的某些特征的影响，比如受到其信息掌握情况、价值观念的影响等。组织决策涉及的范围和时限通常都较为宽广。比如，就企业而言，关于生产何种产品、开发何种市场、利用何种技术手段的决策，不仅涉及整个企业经营方向的调整，而且可能因此影响企业的长期发展，并需要较长的时间来组织实施。

个人决策是指个人在参与组织活动中的各种决策。组织是由若干个成员集合而成的，每个成员在参与组织活动的过程中都要制定一系列的决策。比如，最简单的决策是，在具有组织成员身份之前，他们需要决定是否加入该组织；在加入组织之后，是否继续留在组织之内，则将是他们不断地向自己提出，并需要解决的问题。当然，是否接受组织交给的每一项任务？以什么方式去完成这些任务？在完成任务的过程中，如何对待领导的各项指示？如何与其他同事协作？这些将是组织在运营过程中对每个成员不断提出并需其做出决定的问题。

如果说，前一类决策只涉及组织成员的去留，那么后一类决策不仅影响个人在组织内的活动方式，还会影响其他成员的活动效率以及组织的任务完成情况。个人参与组织活动的过程，实质上是一个不断地做出决策或制定决策的过程。当然，个人的决策和个人需要解决的问题，通常是在无意中提出并在瞬间完成的。与之相反，组织的任何决策和组织需要解决的问题，都是有意识提出并解决的，且由于其影响重大，涉及很多工作，需要多种信息，所以常常表现为一个完整的过程。组织决策和个人决策各有其优缺点，如表1-2所示。组织决策的质量佳、速度快、前后一致性较好，可实施性和合法性也较好，但往往果断性比较差，决策成本较高，对于责任划分的明确性较差。本章重点聚焦于组织决策。

**表1-2　组织决策和个人决策的优缺点比较**

| 决策<br>评价 | 组织决策 | 个人决策 |
|---|---|---|
| 果断性 | 差 | 佳 |
| 决策速度 | 快 | 慢 |
| 责任明确性 | 较差 | 佳 |
| 决策成本 | 高 | 低 |
| 决策质量 | 佳 | 一般 |
| 前后一致性 | 较好 | 差 |
| 可实施性 | 较好 | 一般 |
| 合法性 | 较好 | 较差 |

**重点掌握**

决策是一种选择。

决策可以分为计划、组织、领导、控制四个阶段。

决策的主体既可以是组织，也可以是组织中的个人。

### 3. 决策的特点

决策是行动的基础,决策具有超前性、目的性,决策方案具有可选择性,决策的过程是动态的。

决策具有五个显著的特点:

(1) 目的性:任何决策都具有明确的目的。

(2) 可行性:每个决策的方案都有一定的可行性。

(3) 选择性:决策的关键是选择,没有选择就没有决策。

(4) 满意性:决策的原则是"满意",而不是"最优"。

(5) 过程性:组织中的决策不是单项决策,而是一系列决策的综合,在这一系列决策中,每个决策本身就是一个过程。

## 1.2 企业经营决策的过程

企业经营决策过程包括以下几个阶段(或者说是步骤):

(1) 提出目标:提出决策问题,确定决策目标。决策是为了解决问题,实现某项预期目标,所以首先要弄清楚一项决策要解决什么问题,要达到什么目标。在确定决策目标的过程中还要兼顾内部条件和外部环境。内部条件主要包括企业的研发能力、企业的营销能力、企业的产品地位等。外部环境主要包括政治法律环境、国内外经济环境、社会文化环境、产业竞争行业环境等。这些都会对决策产生影响。

(2) 区分和确定具体目标:根据价值准则,区分和确定具体目标。

(3) 提出可行方案:为了做出最优的决策,必须拟定可能达到目标的各种行动方案,以便进行比较,从中选择最优的方案。

(4) 分析、评价方案:广泛地搜集与决策有关的信息,分析、评价方案。为了正确进行决策,所搜集的信息必须符合决策的需求,对拟定的各种行动方案的有关资料进行分析、评价与对比。

(5) 选定最优方案:这是决策的关键环节。选优的标准主要是在一定条件下,经济效益最佳。为此就要全面权衡有关因素的影响,比如企业的资源条件、市场的需求、国家有关的方针政策等。

(6) 制定实施方案:组织并监督方案的实施。在方案实施过程中,要建立信息反馈系统。决策者要根据反馈信息,采取各种相应的措施。

(7) 审查和评价执行结果。

具体的决策过程可见图 1-1。

选定决策方案的方法见图 1-2。对备选决策方案逐一进行分析,判断其是否符合检验准则。若不符合,则另选决策方案,若符合,则审核价值准则,确定评价方法。根据评价方法确认决策目标,检验该决策方案达到决策目标的可能性。若决策目标不可能达到,则终止制定决策方案;若决策目标有可能达到,但需要再论证,则返回重新审核价值准则,确定评价方法;若决策目标能够达到,则根据情况确认是否需要做典型试验。若需要,则进行试验试制,并进行试验试

企业经营决策的过程

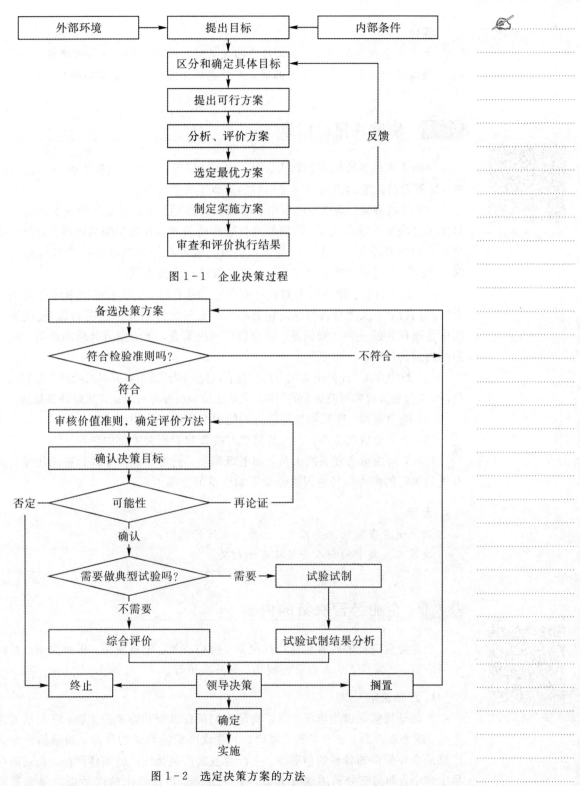

图 1-1　企业决策过程

图 1-2　选定决策方案的方法

制结果分析；若不需要，则进行综合评价。试验试制或综合评价的结果提交领导决策，最终确定是搁置、终止还是确定并实施方案。

> **探讨**
> 生产儿童玩具的企业，在进行产品决策时，应考虑哪些外部环境因素？
> 通信运营商在确定业务产品时，应考虑的主要竞争因素有哪些？

## 1.3　影响决策的因素

　　影响决策的重要因素包括人、财、物、时间等。其中，决策者的因素最为重要。决策者对决策的影响主要可以归纳为以下几个方面：

　　（1）情绪方面。情绪在决策中起着重要的作用，是直觉决策的关键成分，也是风险型决策的基本要素。积极情绪状态的决策者有规避损失的倾向，而消极情绪状态的决策者会有寻求风险的倾向。当决策者有较为强烈而持续的情绪反应时，在决策中更容易被情绪主导，会更多依赖直觉做决策。

　　（2）认知方面。决策者要对自己有合理的认知。人们在做出决策时经常表现出"过分自信"，认为自己判断的正确率高于实际的概率值。"过分自信"是决策判断中普遍存在的一种认知偏差。过分自信的决策者，无法做出合理的决策，从而影响决策的质量。

　　（3）行为方面。任何决策在做出时都有风险，因而决策者要尽可能地做好预测和判断，充分估计决策可能带来的风险，在做出决策时要尽可能地将风险降到最低。

　　（4）能力方面。决策者处理信息的能力会影响决策的准确度。

　　（5）个人价值观方面。个人价值观对决策起着至关重要的作用。

　　此外，与决策者相关的人员，如上级领导、同事、家人等都会影响决策。还有决策执行的内外部环境因素也是影响决策的重要因素。

> **警示**
> 决策者是决策的主要因素，他影响决策的选择。
> 决策与决策者的个人价值观密切相关。

## 1.4　企业经营决策的内容

　　企业经营决策的内容包括产品决策、价格决策、渠道决策、促销决策、目标市场决策、研发投入、人力资源规划、财务决策等。

### 1. 产品决策

　　产品是指能提供给市场，用于满足人们某种欲望和需要的事物，它包括实体产品、服务性产品，还有场所、思想、主意或决策等形式的产品。如通信企业的产品是企业提供的各种通信服务，生产企业的产品是生产的实体产品。企业的产品生产中，如何充分利用现有资源，生产出符合市场需求的产品组合是关键问题。产品决策是企业市场营销战略的核心，也是制定市场营销决策的基础。企业产品决策包括产品线延伸、产品线填补和产品线削减等，对企业生产量的决策也是产品决策中重要的内容。

### 2. 价格决策

影响商品价格决策的因素很多。价格决策既受到公司内部因素的影响，也受到外部环境因素的影响。内部因素包括公司的营销目标、营销组合策略、成本和定价组织等。外部因素包括市场、需求的性质、竞争状况以及政府政策、法律等其他因素。企业在制定价格决策时常采用的几种策略有：成本导向定价法、竞争导向定价法、需求导向定价法等。

### 3. 渠道决策

营销渠道是把一个产品及其所有权从生产者转移到消费者的所有活动和机构组成的系统。常见的渠道决策包括零售商类型选择、渠道级数决策、零售组织选择等。

### 4. 促销决策

促销是促进产品销售的简称。常见的促销手段包括人员推销、广告、公共关系与宣传报道、营业推广等。促销决策需要根据目标确定相应的促销形式，以在尽量少占用资源的情况下达到预期效果。

### 5. 目标市场决策

目标市场是指企业根据自身条件决定进入的细分市场，也就是企业准备投其所好，准备为之服务的顾客群。目标市场决策的主要内容包括市场细分、目标市场规划、确立市场地位等。

### 6. 研发投入

研发是指各种研究机构、企业为获得科学技术新知识，创造性地运用科学技术知识，或改进技术、产品和服务而持续进行的具有明确目标的系统活动。常见的研发由科技研究开发和技术研究开发两部分构成。

### 7. 人力资源规划

人力资源规划是指为了实现组织目标，在企业现有的人力资源情况下拟订一套人力资源配置及发展方案，目的是使得企业发展过程的人员需求和企业拥有的人力资源数量相匹配。人力资源规划的主要工作包括员工招聘和配置、绩效考评、培训与开发、薪酬福利管理、劳动关系确立等。

### 8. 财务决策

财务决策是对财务方案、财务政策进行选择和决定的过程。财务决策的目的是确定令人满意的财务方案。只有确定了效果好并切实可行的方案，财务活动才能取得好的效益，达到企业价值最大化的财务管理目标。企业的财务决策主要包括销售环节的财务决策、生产环节的财务决策、采购环节的财务决策、投资环节的财务决策等。

---

**重点掌握**

企业经营决策的内容包括产品决策、价格决策、渠道决策、促销决策、目标市场决策、研发投入、人力资源规划、财务决策等。

## 1.5　企业经营决策的分类

企业经营决策的分类方法有很多种，下面具体介绍。

**1. 按时间长短划分**

企业经营决策按时间长短划分，可分为长期决策、短期决策。长期决策是企业的长期战略决策；短期决策是企业短期战术决策。短期决策的周期一般为一年或一个经营周期(例如一个季度)，侧重于生产经营、资金、成本、利润等方面。

**2. 按重要程度划分**

企业经营决策按重要程度划分，可分为战略决策、战术决策、业务决策等。战略决策是指企业长期发展战略等决策；战术决策是指生产计划、工资水平等战术性决策；业务决策是指企业生产、销售、采购管理等具体的决策。

高层领导应侧重于战略决策；中层领导应侧重于战术决策；基层领导应侧重于业务决策。

**3. 按决策目标数量划分**

企业经营决策按照决策目标数量划分，可分为单目标决策和多目标决策。单目标决策是指决策行动只力求实现一种目标；多目标决策是指决策行动力图实现多个目标。

**4. 按重复程度划分**

企业经营决策按照重复程度划分，可分为程序化决策和非程序化决策。程序化决策是指定期的决策，如会计预算报表等。非程序化决策是指无章可循、不重复的决策，如战略决策等。

**5. 按可控程度划分**

企业经营决策按照可控程度划分，可分为确定型决策、风险型决策和不确定型决策。例如，银行利息就是一种确定型决策；新产品竞争性价格就是一种风险型决策；关于股票投资可能就是一种不确定型决策。

**6. 按决策的主体划分**

企业经营决策按照决策的主体划分，可分为组织决策和个人决策。

**7. 按决策所处阶段划分**

企业经营决策按照决策所处阶段划分，可分为初始决策和追踪决策。初始决策是指组织对从事某种活动或从事该种活动的方案所进行的初次选择。追踪决策是指在初始决策的基础上对组织活动方向、内容或方式的重新调整。

追踪决策有以下三主要特征：

(1) 回溯分析：从起点开始，找出最初几个"失误点"，分析原因，保留原决策方案中的合理因素。

(2) 非零起点：原决策已实施，已消耗了一定资源，并对环境产生了一定影响，因此要抓紧和谨慎。

（3）双重优化：新决策方案必须优于原决策方案；必须在两个以上新的决策方案中选优。

> **探讨**
>
> 请分析初始决策和追踪决策的联系与区别。

## 1.6 学习工单和自评报告

### 学 习 工 单

| 班级 | | 组别 | |
|---|---|---|---|
| 组员 | | 指导教师 | |
| 学习单元 | 企业经营决策概述 | | |
| 工作任务 | 1. 登录智慧职教或者西安电子科技大学出版社网站平台，注册账号；<br>2. 查找"企业经营决策实战模拟"课程，参加该课程的学习 | | |
| 任务描述 | 1. 登录智慧职教或者西安电子科技大学出版社网站，查找"企业经营决策实战模拟"课程；<br>2. 参加"企业经营决策实战模拟"课程的学习；<br>3. 利用手机扫描二维码进入知识点学习；<br>4. 完成第1章的所有学习任务；<br>5. 完成自评测试 | | |
| 前期准备 | 在智慧职教或者西安电子科技大学出版社网站上注册 | | |
| 任务实施 | 1. 登录网站；<br>2. 查找"企业经营决策实战模拟"课程；<br>3. 进行学习；<br>4. 完成规定的教学任务；<br>5. 进行自评测试 | | |
| 学习总结与心得 | 1. 网络学习的收获与体会；<br>2. 自评的情况；<br>3. 谈谈你喜欢的知识单元；<br>4. 谈谈对二维码学习方式的看法 | | |
| 考核与评价 | 按照自评报告进行考核 | | |
| | 考核成绩 | | |
| | 教师签名 | 日期 | |

# 自 评 报 告

学号：_____　　　姓名：_____　　　班级：_____

| 评分项目 | 要　　求 | 得分 |
|---|---|---|
| 企业经营决策的阶段<br>（总分：10分） | 决策的四个阶段分别是什么？<br><br><br><br> | |
| 企业经营决策的过程<br>（总分：10分） | 企业经营决策过程包括哪几个步骤？<br><br><br><br> | |
| 影响决策的因素<br>（总分：10分） | 影响决策的因素有哪些？<br><br><br><br> | |
| 企业经营决策的内容<br>（总分 10分） | 价格是如何影响市场的？通信企业的产品是什么？<br><br><br><br> | |
| 企业经营决策的分类<br>（总分：10分） | 战略决策、战术决策、业务决策分别对应于哪些层次的管理者？<br><br><br><br> | |
| 学习总结<br>（总分：50分） | <br><br><br><br><br><br><br><br> | |

## 1.7　小结

　　企业经营决策是指企业对未来经营发展的目标及实现目标的战略或手段进行最佳选择的过程。

　　决策的四个阶段是：计划、组织、领导和控制。

　　企业经营决策过程包括七个步骤：① 提出目标；② 区别和确定具体目标；③ 提出可行方案；④ 分析、评价方案；⑤ 选定最优方案；⑥ 制定实施方案；⑦ 审查和评价执行结果。

　　影响决策的重要因素包括决策者的情绪、认知、行为、处理信息资料的能力以及个人价值观。

　　企业经营决策的内容主要包括：① 产品决策；② 价格决策；③ 渠道决策；④ 促销决策；⑤ 目标市场决策；⑥ 研发投入；⑦ 人力资源规划；⑧ 财务决策。

　　企业经营决策的分类方法有很多种，例如，可以按时间长短、重要程度、决策目标数量、可控程度等划分。一般决策周期越短决策准确性越高。

第1章练习题

# 第 2 章

# 决策方法与分析工具

**本章重点**

- 决策理论的发展；
- 常用的决策分析方法；
- 定性预测的基本思想；
- 常用的预测方法。

**本章难点**

- 定性与定量预测的选择；
- 成长曲线预测法；
- 回归参数估计；
- 统计检验方法。

**课程思政**

- 在数据分析的过程中，要融入数据保密、信息安全等思想和理念；
- 在讲解决策理论发展的过程中，要从社会实践出发解释理论的形成，让学生认识到是依据实际修正理论逻辑，而不是从理论逻辑出发解释实践。

**本章学时数** 10 学时

**本章学习目的或要求**

- 掌握决策分析的基本方法，理解定性与定量预测方法的思想；
- 熟悉常用的预测方法；
- 能够运用所学知识，对所分析事物进行数据采集和预测。

决策理论是把第二次世界大战以后发展起来的系统理论、运筹学、计算机科学等综合运用于管理决策问题，从而形成的一个有关决策过程、准则、类型及方法的较完整的理论体系。

## 2.1　决策方法的发展

> **探讨**
> 迄今为止，有关决策的理论经历了哪些阶段？

决策理论的发展

### 2.1.1　决策理论的发展

决策理论经历了古典决策理论、行为决策理论和新发展的决策理论三个阶段。

**1. 古典决策理论**

古典决策理论是基于"经济人"假设提出的。古典决策理论认为，应该从经济的角度来看待决策问题，即决策的目的在于为组织获取最大的经济利益。

古典决策理论的主要内容是：

(1) 决策者必须全面掌握有关决策环境的信息情报；

(2) 决策者要充分了解有关备选方案的情况；

(3) 决策者应建立一个合理的层级结构，以确保命令的有效执行；

(4) 决策者进行决策的目的始终都在于使本组织获取最大的经济利益。

古典决策理论假设决策者是完全理性的，在决策者充分了解有关信息情报的情况下，是完全可以做出完成组织目标的最佳决策的。古典决策理论忽视了非经济因素在决策中的作用，这种理论不可能正确指导实际的决策活动，因而被行为决策理论取代。

由古典决策理论衍生出了规范决策理论模型。这个模型认为决策者能够做出"最优"选择，决策者是完全理性的。规范决策理论的主要观点是：决策可以趋于完全合理；决策者必须全面掌握有关决策环境的信息情报；决策者有能力完成做出"最优"决策所需的十分复杂的计算。

**2. 行为决策理论**

西蒙在《管理行为》中指出，理性和经济的标准都无法确切地说明管理的决策过程，因此，他提出"有限理性"标准和"满意度"原则。进而，一些学者对决策者行为做了进一步的研究。研究者发现，影响决策的因素不仅仅是经济，还有决策者的心理与行为特征，如态度、情感、经验和动机等。

行为决策理论的主要内容包括：

(1) 人是有限理性的。

决策者在识别和发现问题的过程中，容易受到知觉上偏差的影响，而在对未来的状况做出判断时，直觉的运用常常多于逻辑分析方法的运用。

由于受决策时间和可利用资源等因素的限制，决策者即使充分了解和掌握了有关决策环境的情报信息，也只能做到尽量了解各种备选方案的情况，而不可能做到全部了解。

在风险型决策过程中，在考虑经济利益的同时，决策者对待风险的态度起着更重要的作用。决策者通常厌恶风险，倾向于接受风险较小的方案。

（2）决策者在决策中往往追求满意的结果，而不愿费力寻求最佳的方案。

行为决策理论抨击了把决策视为定量方法和固定步骤的片面性，主张把决策视为一种文化现象。除西蒙提出的"有限理性"外，林德布洛姆的"渐进决策"也对"完全理性"提出了挑战，他认为决策过程应是一个渐进的过程。决策不能只遵守某种固定的程序，而应根据组织外部环境与内部条件的变化进行适当的调整和补充。

由行为决策理论衍生出了有限理性模型。有限理性模型又称为西蒙模型或西蒙最满意模型。它是一个比较现实的模型，它认为人的理性是完全理性和完全非理性之间的一种有限理性。

有限理性模型的主要观点是：决策者只要求"有限理性"，决策者在决策中追求"满意"标准，而非"最优"标准。

### 3. 新发展的决策理论

继古典决策理论和行为决策理论之后，决策理论有了进一步的发展。新发展的决策理论认为，决策贯穿于整个管理过程，决策程序就是整个管理过程。组织是由决策者及其下属、同事组成的系统。

整个决策过程是从研究组织的内部条件和外部环境开始的，继而确定组织目标，设计可达到该目标的各种可行方案，比较和评估这些可行方案，然后进行方案选择，从而做出择优决策，最后实施决策方案，并对实施过程进行追踪检查和控制，以确保达到预定目标。

新发展的决策理论对决策的过程、决策的原则、程序化决策和非程序化决策以及组织机构的建立同决策过程的联系等都做了精辟的论述。新发展的决策理论认为，当今的决策者应在决策过程中广泛运用现代化的手段和规范化的程序，应以系统理论、运筹学和信息处理技术为工具，辅之以行为科学的有关理论，进行科学的决策。

综上所述，新发展的决策理论把古典决策理论和行为决策理论有机结合起来，它所概括的一套科学行为准则和工作程序，既重视科学的理论、方法和手段的应用，也重视人的积极作用。

> **重点掌握**
>
> 古典决策理论是基于"经济人"假设形成的，该决策理论建立在全面掌握决策信息的基础上。
>
> 行为决策理论是基于"有限理性"假设形成的，该方法追求"满意"而非"最优"结果。
>
> 新发展的决策理论把古典决策理论和行为决策理论有机结合，设计了一套科学行为准则和工作程序。

## 2.1.2　决策分析方法

决策分析方法包括定量与定性两类。

定量分析法是对客观现象的数量特征、数量关系以及数量变化进行分析的方法。在企业管理上，定量分析法以生产、经营、财务、市场、人力资源等数据为基础，按照某种数理方式进行加工整理，形成系统模型，进而得出相应的预测结果。

在现实生活中，我们认识和改造客观世界的研究方法一般有实验法和模型法两种。实验法是通过对客观事物本身直接进行科学实验来研究的，这种方法局限性比较大。企业管理问题大多难以通过实验法直接进行研究，所以系统模型预测法得以广泛应用。

之所以系统模型预测法被广泛采用，主要出于以下考虑：

（1）很多客观系统只能通过建造模型来对系统或体制的性能进行预测；

（2）对复杂的社会经济系统直接进行实验，成本十分高，因而从经济上考虑，模型法是比较适用的分析方法；

（3）从安全性和稳定性方面考虑，对有些问题通过直接实验进行分析，往往缺乏安全性和稳定性，甚至根本不允许；

（4）从时间上考虑，使用系统模型预测法可以快速得到分析结果；

（5）系统模型预测法应用方便，分析结果易于理解。

定量分析的常用技术和方法有时间序列预测、线性预测以及相关分析等。定量分析法的主要内容是系统建模分析，常用的建模分析方法有线性回归预测方法、统计分析方法、马尔可夫预测方法、最优化方法（线性规划、动态规划、资源分配问题）、评价分析方法与多目标决策、管理系统模拟、排队论等。

定量分析方法是寻求将数据定量表示的方法。一般进行一项新的事项调研项目时，定量分析之前通常要以适当的定性分析开路。有时定性分析也用于解释由定量分析所得的结果。

定性分析方法是探索性研究的主要方法。调研者通常利用定性分析来定义问题或寻找处理问题的途径。在寻找处理问题的途径过程中，定性分析常常用于制定假设或者确定分析中应包括的变量。有时定性分析和二手资料分析是构成调研项目的主要部分。所以，掌握定性分析的基本方法对调研者是很有必要的。

定性分析和定量分析的方法各有优缺点。定性分析的优点是有较大灵活性，能够充分发挥人的主观能动性，简单而省时，节省费用；缺点是易于受主观因素的影响。定量分析的优点是注重量化分析，依据历史统计资料进行分析，较少受到主观因素的影响；缺点是对信息资料的质量和数量要求较高。因此，如果能将两者有机结合，使其相互补充、相互修正，将大大提高分析的准确度和精度。

## 2.1.3 预测的基本知识

在企业生产经营活动中，可以根据历史数据，求解未来的市场需求。通常是根据过去的市场占有率、定价、促销、广告、产品等级等情况预测市场的产品需求量，建立相应的系统模型，在此基础上，进行未来生产量、市场需求量等趋势的预测。那么如何进行预测呢？

预测的基本知识

我们知道，预测是对未来不确定事件的预报和推测，在统计学中把针对随时间和空间变化的自然规律和社会活动，进行科学的预知和推测，揭示其发展规律的方法叫做预测。预测是建立在广泛的知识基础上去进行推理和推断，然后提出对未来发展方向和水平的定性和定量的估计。

科学的预测一般有以下几种途径：一是因果分析，通过研究事物的形成原因来预测事物未来发展变化的必然结果；二是类比分析，通过类比分析来预测事物的未来发展，比如把单项技术的发展同事物的增长相类比，把正在发展中的事物同历史上的"先导事件"相类比等；三是统计分析，通过一系列的数学方法，对事物的过去和现在的数据资料进行分析，去伪存真，由表及里，揭示出历史数据背后的必然规律，给出事物的未来发展趋势。

预测学发源于美国，1937年，美国自然资源委员会第一次做出了技术预测，标志着现代预测科学的产生。经过大半个世纪的发展，预测科学由纯理论的讨论进入到具体应用的研究。

与物理学或者数学不同，预测学是一门不完全精确的学科，具有不确定性、近似性和有限性的特点。预测不同于一般的凭经验猜测，它是建立在科学理论基础之上，采用现代科技手段对预测对象的特征、状态和差异进行科学分析的体系。

根据不同要求，可对预测进行不同分类。

**1. 按预测的时效分**

（1）短期预测：预测的目标距现在的时间比较近而且经历的时间比较短的预测活动。

（2）中期预测：一般指1~5年间各因素变化的预测活动。

（3）长期预测：一般指5年以上的预测，它是为企业制定长期规划服务的。

**2. 按预测方法分**

（1）定性预测：预测者对影响市场变化的各种因素进行分析、判断，根据经验来预测事物未来的变化。定性预测适用于历史数据不易获得或缺乏历史数据，而更多地依靠专家经验的情况。定性预测的特点是简便易行、经验色彩浓厚，但易受预测者心理和情绪的影响，预测精度难以控制。

（2）定量预测：采用数学方法，对已掌握的信息及其演变关系进行数量分析，并建立数学模型，利用计算机和相应的软件进行计算，对事物未来的发展做出预测。

定量预测的一般方法是：首先根据历史数据及有关的经济信息进行模型的识别，确定所建立预测模型的类型及其一般形式；其次对预测模型中的参数进行估计（采用移动平均法、指数平滑法、最小二乘法等，不同的估计方法建立在不同的最优准则之上）；最后进行模型的优劣性检验，只有通过检验确定为合理的模型，才能用于未来趋势预测，并有可能取得好的效果。

**3. 按预测的范围分**

（1）宏观预测：指对整个国家或一个地区、一个部门技术经济发展前景的预测。宏观预测以整个社会经济发展作为考察对象，研究社会经济发展中各项有关指标的发展水平、发展速度、增长速度以及相互间结构、比例和影响的关系。

（2）微观预测：指对某一具体预测目标（如一个企业、一项产品等）的发展所做的预测。例如，某企业某产品需求量的预测等。

由于未来学的迅速发展，预测范围日益广泛，预测技术也日趋完善。资料的收集、整理、积累、存储及电子技术的发展促进了预测方法论的发展。预测方法不仅有数学方法，也有非数学方法。预测综合运用了数学、经济学、社会学、自然科学以及计算机的现代研究成果，其具体方法有几百种。

预测分析的工作流程随预测的目的和采用的方法而异，其一般工作流程如图 2-1 所示。

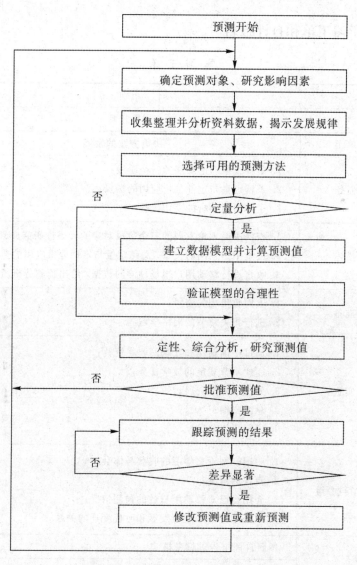

图 2-1　预测分析的一般工作流程

预测分析的一般流程从确定预测对象、研究影响因素开始，根据收集整理的数据资料分析，揭示发展规律，选择可用的预测方法，确定是否采用定量分析方法。如果采用定量分析方法，则要建立数据模型并计算预测值，以验证模型的合理性。接着结合定性、综合分析方法，研究预测值，并将预测结果提交给相关专家进行评审。预测值被批准后，要不断跟踪预测的结果，判断与实际情况的差异是否显著，如果差异显著，则要修改预测值或重新预测。

预测模型只是反映现阶段的发展趋势。当前预测模型检验通过后，可以利用该模型进行预测，但还要不断跟踪预测情况，使用的模型要能够进行及时的校正，如果发现预测值与实际值偏差较大，则必须对当前模型参数进行调整与修正，重新生成预测模型。总之，预测模型应该根据实际的发展不断地调整。

## 2.1.4 学习工单和自评报告

### 学 习 工 单

| 班级 | | 组别 | | |
|---|---|---|---|---|
| 组员 | | 指导教师 | | |
| 学习单元 | 决策方法的发展 | | | |
| 工作任务 | 1. 了解决策理论发展的三个阶段；<br>2. 了解定量与定性分析应用的场景；<br>3. 了解预测分析的工作流程 | | | |
| 任务描述 | 1. 查找决策理论发展的三个阶段对应的代表性研究成果；<br>2. 搜索中国知网的文章，总结定量与定性分析应用的典型场景；<br>3. 收集进行移动用户市场预测的数据，给出预测分析流程 | | | |
| 前期准备 | 1. 上网收集相关资料；<br>2. 进行相关章节的网络学习 | | | |
| 任务实施 | 1. 通过中国知网和互联网收集资料；<br>2. 完成本节规定的教学任务；<br>3. 分析收集的资料；<br>4. 总结归纳；<br>5. 进行自评测试 | | | |
| 学习总结与心得 | 1. 中国知网论文学习的收获与体会；<br>2. 自评的情况；<br>3. 介绍自己对移动用户数的预测情况；<br>4. 谈谈理论的形成与发展和时代变迁的关系 | | | |
| 考核与评价 | 按照自评报告进行考核 | | | |
| | 考核成绩 | | | |
| | 教师签名 | | 日期 | |

# 自评报告

学号: _____          姓名: _____          班级: _____

| 评分项目 | 要 求 | 得分 |
|---|---|---|
| 决策理论的发展<br>(总分: 20分) | 决策理论发展的三个阶段分别是什么?<br><br><br><br><br><br><br> | |
| 决策分析方法<br>(总分: 20分) | 决策分析方法有哪几种?具体的应用场合如何?<br><br><br><br><br><br><br><br><br> | |
| 预测的基本知识<br>(总分: 20分) | 中长期预测与短期预测的不同有哪些?简述预测分析的工作流程。<br><br><br><br><br><br><br> | |
| 学习总结<br>(总分: 40分) | <br><br><br><br><br><br><br><br><br><br><br> | |

头脑风暴法

## 2.2 决策方法

典型的决策方法有头脑风暴(Brain Storming)法、哥顿法(Gordon Method)、德尔菲法(Delphi Method)等。

### 2.2.1 头脑风暴法

头脑风暴法是制定方案常用的方法。现代创造学的创始人——美国学者阿历克斯·奥斯本于1938年首次提出头脑风暴法。Brain Storming原指精神病患者头脑中短时间出现的思维紊乱现象。奥斯本借用这个概念来比喻思维高度活跃,打破常规的思维方式从而产生大量创造性设想的状况。

头脑风暴法提供了一种有效的、针对特定主题并集中注意力与思想进行创造性沟通的方式。头脑风暴法可以组织相关专家集中进行。无论是对学术主题的探讨还是对日常事务的解决,头脑风暴法都不失为一种可资借鉴的途径。使用者切不可拘泥于特定的形式,因为头脑风暴法是一种生动灵活的技法,应用这一技法的时候,完全可以并且应该根据与会者情况以及时间、地点、条件和主题的变化而有所变化,有所创新。

头脑风暴法的特点是让与会者敞开思想,使各种设想在相互碰撞中激起脑海的创造性风暴。具体方式可分为直接头脑风暴法和质疑头脑风暴法。前者是在专家群体决策基础上,尽可能激发创造性,产生尽可能多的设想的方法;后者则是对前者提出的设想、方案逐一质疑,发现其现实可行性的方法。头脑风暴法是一种集体开发创造性思维的方法。

#### 1. 头脑风暴法的基本流程及关键环节

头脑风暴法力图通过一定的讨论流程与规则来保证创造性讨论的有效性。讨论流程是头脑风暴法能否有效实施的关键因素。从流程来说,组织头脑风暴法关键在于以下几个环节。

1) 确定议题

一个好的头脑风暴法应从对问题的准确阐明开始,因此,在会前必须确定一个目标,使与会者明确通过本次会议需要解决的问题,同时不要限制可能解决方案的范围。

一般而言,较具体的议题能使与会者较快地产生设想,主持人也较容易掌握;比较抽象和宏观的议题引发设想的时间比较长,但设想的创造性也可能较强。

2) 会前准备

为了使头脑风暴畅谈会的效率更高、效果更好,可在会前做一些准备工作,比如收集一些资料预先发给大家参考,以便与会者了解与议题有关的背景材料和外界动态信息。就与会者而言,在开会之前,对于要解决的问题要有所了解,会场可做适当布置,座位排成圆环式通常比排成教室式更为有利。此外,在头脑风暴会正式开始前,还可以做一些创造力游戏,以供大家思考,活跃会议气氛,促进思维创新。

3）确定人选

一般以 8～12 人为宜，也可略有增减(5～15 人)。与会者人数太少不利于交流信息，激发思维；而人数太多则不容易掌握，并且每个人发言的机会也会相对减少，从而影响会场气氛。只有在特殊情况下，与会者的人数可不受上述限制。

4）明确分工

开会之前，要推定一名主持人，1 或 2 名记录员。主持人的作用是在头脑风暴畅谈会开始时，重申讨论的议题和纪律，在会议进程中启发引导，掌握进程。例如：通报会议进展情况，归纳总结某些发言的核心内容，提出自己的设想，活跃会场气氛，或者让大家静下来认真思考片刻，再组织下一个发言高潮，等等。记录员应将与会者的所有设想进行及时编号，简要记录，最好写在黑板等醒目之处，让与会者能够看清楚。

5）规定纪律

根据头脑风暴法的原则，开会时，可规定几条纪律，要求与会者遵守。例如：要求大家集中注意力，积极投入而不消极旁观；不要私下议论，以免影响其他人的思考；发言要针对目标，开门见山，不必做过多的解释；与会者之间要相互尊重，平等相待，切忌相互褒贬；等等。

6）掌握时间

会议时间可由主持人掌握，不宜在会前定死。通常以几十分钟为宜。时间过短与会者难以畅所欲言，过长则容易产生疲劳感，影响会议效果。实践经验表明，创造性较强的设想一般在会议开始 10 分钟或 15 分钟后逐渐产生。美国创造学家帕内斯指出，会议时间最好安排在 30～45 分钟之间。倘若需要更长时间，就应把议题分解成几个小问题，分别进行专题讨论。

**2. 头脑风暴法成功的要点**

头脑风暴法成功的要点在于：合理的讨论流程以及探讨方式、心态上的转变。也就是说，成功的交流应该是充分的、非评价性的、无偏见的交流。具体而言，可归纳为以下几点。

1）自由畅谈

参加者应该放松思想，让思维自由驰骋，避免受任何条条框框限制。从不同角度、不同层次、不同方位，大胆地展开想象，尽可能地标新立异，提出独创性的想法。

2）延迟评判

头脑风暴法实施过程中，必须坚持当场不对任何设想做出评价的原则，既不能肯定某个设想，也不能否定某个设想，不要对某个设想发表评论性的意见，一切评价和判断都要延迟到会议结束以后再进行。这样一方面是为了防止评判约束了与会者的积极思维，破坏自由畅谈的好气氛；另一方面是为了集中精力先开发设想，避免把应该在后阶段进行的工作提前，影响创造性设想的产生。

3）禁止批评

绝对禁止批评是头脑风暴法应该遵循的另外一个重要原则。参加头脑风暴会议的每个人都不得对别人的设想提出批评意见，因为批评对创造性思维会产生抑制作用。当然发言人的自我批评也在禁止之列。这些自我批评性质的说法，同样会破坏会场气氛，影响自由畅想。

4）追求数量

头脑风暴会议的目标是获得尽可能多的设想，追求数量是头脑风暴会议的首要出发点。参加会议的人员要抓紧时间多思考，多提设想和建议。至于设想的质量问题，自可留到会后的设想处理阶段去解决。从某种意义上讲，设想的质量和数量密切相关，产生的设想越多，其中的创造性设想可能就越多。

> **重点掌握**
>
> 通过组织头脑风暴畅谈会，往往能获得大量与议题有关的设想与建议，至此任务只完成了一半。
>
> 更重要的是对已获得的设想进行整理、分析，以便遴选出有价值的创造性设想来加以实施，这个工作就是设想处理。

头脑风暴法的设想处理通常安排在头脑风暴畅谈会的第二天进行。在此以前，主持人或记录员应设法收集与会者在会后产生的新设想，以便统一进行评价处理。

设想处理的方式有两种：一种是专家评审，可聘请有关专家及畅谈会与会者代表若干人（5人左右为宜）承担这项工作；另一种是二次会议评审，即由头脑风暴畅谈会的参加者共同参与第二次会议，集体进行设想的评价处理工作。

头脑风暴是一种技能、一种艺术，头脑风暴的技能需要不断提高。如果想使头脑风暴保持比较高的绩效，应该每个月进行不止一次的头脑风暴会议。

有活力的头脑风暴会议倾向于遵循一系列陡峭的"智能"曲线，开始动量缓慢地积聚，然后非常快，接着进入平缓的时期。头脑风暴主持人应懂得如何通过小心地提及并培育一个正在出现的话题，让创意和设想在陡峭的"智能"曲线阶段自由形成。

**3. 头脑风暴法的缺点**

头脑风暴法存在以下缺点：

（1）头脑风暴法在会议一开始就将目的提出来，这种方式容易使见解流于表面，难免肤浅。

（2）头脑风暴法会议的参与者往往坚信唯有自己的设想才是解决问题的上策，这就限制了他的思路。

## 2.2.2 哥顿法

哥顿法是一种定性决策，也称"提喻法"，是1964年美国人哥顿提出的决策方法。该法与头脑风暴法类似，先由会议主持人把决策问题向会议成员做笼统的

哥顿法

介绍，然后由会议成员讨论解决方案。当会议进行到适当时机时，决策者将决策的具体问题展示给小组成员，使小组成员的讨论进一步深化。最后由决策者吸收讨论结果，进行决策。

哥顿法的一个基本观点就是"变熟悉为陌生"，抛开对事物性质原有的认识，在"零起点"上对事物进行重新认识，从而得出相应的结论。在文字校对过程中，也要提倡"变熟悉为陌生"的做法，带着疑问的心态，抱着学习的态度去思考，然后把"学"到的东西与自己所了解的情况比较，看有无不同，跳出固有的思维定势，减少出错的可能性，确保工作的实效性，提高服务的水平。

**1. 哥顿法的实施方法**

哥顿法的实施在很大程度上取决于参加者，更与主持人的能力与经验相关。主持人在主持讨论的同时，还要将参加者提出的论点同真实问题结合起来。因此，要求主持人有丰富的想象力和敏锐的洞察力。

与会者人数以 5～12 人为宜，尽可能由不同专业的人参加，如有科学家和艺术家参加就更好。与会者预先必须对哥顿法有深刻的理解，否则会感到不愉快。

会议时间一般为 3 小时，这一方面是因为要寻求来自各方面的设想，需要比较长的时间，另一方面是为了在会议进行到一定程度的疲劳状态时，可望获得无意识中产生的设想。

会议最好是在安静的房间中进行。舒适的接待室比会议室和教室更为理想。实施过程中要将黑板或记录纸挂在墙上，与会者可将设想和图表写画在上面。应营造愉快轻松的气氛，最好充满幽默情调。

**2. 哥顿法的步骤**

1) 主持人决定议题

主持人首先认真分析问题，概括出问题的关键作为议题。概括出的议题要能揭示问题实质，且能使与会者更广泛地提出设想。

2) 召开会议

议题决定以后，主持人召开会议，让参加者自由发表意见。当与实质问题有关的设想出现时，要敏锐地抓住，引导问题向纵深发展，并给予适当的启发，同时指出研讨方向，使会议继续下去，在最佳设想仿佛已经出现，时间也将接近结束时，要使实质问题逐渐明朗化，进而使会议结束。

为了克服头脑风暴法的缺点，哥顿法规定除了会议主持人之外，不让与会者知道真正的意图和目的。在会议上把具体问题抽象为广义的问题来提出，以引起参会者广泛的设想，从而为主持人暗示出解决问题的方案。

**3. 哥顿法的应用实例**

【例 2-1】 以开发新型剃须刀为例说明哥顿法的具体步骤。

(1) 确定议题。主持人的真正目的是要开发新型剃须刀，但是不让与会者知道。剃须刀的功能可抽象为"切断"或"分离"，可选"切断"或"分离"为议题。但是如果定为"切断"，容易使人自然想到需要使用刀具，对打开思路不利，于是就选定"分离"为议题。

（2）主持人引导讨论。

主持人：这次会议的议题是"分离"。请考虑能够把某种东西从其他东西上分离出来的各种方法。

甲：用离子树脂和电解法能够把盐从盐水中分离出来。

主持人：您的意思是利用电化学反应进行分离。

乙：可以使用筛子将大小不同的东西分开。

丙：利用离心力可以把固体从液体中分离出来。

主持人：换句话说，就是旋转的方式吧。就像把奶油从牛奶中分离出来那样……

（3）主持人得到启发。例如，使用离心力就暗示使滚筒高速旋转。从这个暗示中，主持人就得到这样的启发：剃须刀是否可以使用高速旋转的带锯齿的滚筒。主持人把似乎可以成功的解决措施记到笔记本上。

（4）说明真实意图。当讨论的议题获得了满意的答案后，主持人把真实的意图向与会者说明。可以与已提出的设想结合起来研究最佳方案。

**4. 哥顿法的优点和特点**

哥顿法的优点是将问题抽象化，有利于减少束缚，形成创造性想法；特点在于主持人的引导与个人能力起着举足轻重的作用。

## 2.2.3 德尔菲法

德尔菲法又称为专家规定程序调查法，是采用背对背的通信方式征询专家小组成员的预测意见，经过几轮征询，使专家小组的预测意见趋于集中，最后做出符合市场未来发展趋势的预测结论的方法。

德尔菲法是在 20 世纪 40 年代由赫尔默（Helmer）和戈登（Gordon）首创。1946 年，美国兰德公司为避免集体讨论存在的屈从于权威或盲目服从多数的缺陷，首次用这种方法进行定性预测。后来该方法被迅速广泛采用，并得到广泛认可。

德尔菲的名称起源于古希腊有关太阳神阿波罗的神话。传说中阿波罗具有预见未来的能力。因此，这种预测方法被命名为德尔菲法。

德尔菲法首先要组建参与调查的专家组，然后由调查的组织者拟定调查表，按照规定程序，以函件等方式分别向专家组成员进行征询，而专家组成员以匿名的方式（如函件、电邮等形式）提交意见。经过几次反复征询和反馈，专家组成员的意见逐步趋于集中，最后获得具有很高准确率的集体判断结果。

**1. 德尔菲法的基本特点**

德尔菲法是一种利用函询形式进行的集体匿名的思想交流过程。与其他的专家预测法相比，有三个显著特点，即匿名性、反馈性、统计性。

1）匿名性

采用这种方法的过程中所有专家组成员不直接见面，只是通过函件交流。后来改进的德尔菲法也允许专家开会进行专题讨论。

德尔菲法

2）反馈性

德尔菲法需要经过 3 到 4 轮的信息反馈，在每次反馈中调查组和专家组都可以不断进行深入研究，使得最终结果能够基本反映专家的基本想法和对信息的认识，因此结果较客观、可信。小组成员的交流过程是通过回答组织者的问题来实现的，一般要经过若干轮反馈才能完成预测。

3）统计性

典型的小组预测结果反映的是多数人的观点，少数派的观点至多概括地提及一下，并没有表示出小组的不同意见的状况。而德尔菲法采用统计回答的方式，需要报告一个中位数和两个四分位点，其中一半落在两个四分位点之内，一半落在两个四分位点之外。这样，每种观点都能包括在这样的统计中，避免了专家会议法只反映多数人观点的缺陷。

> **警示**
>
> 四分位法是统计学的一种分析方法。就是将全部统计数据从小到大排列，正好排列在前 1/4 位置上的数叫做第一四分位点，排列在后 1/4 位置上的数叫做第三四分位点，排列在中间位置的第二个四分位点就是中位数。
>
> 德尔菲法中的两个四分位点是指：第一四分位点和第三四分位点。

德尔菲法可以避免群体决策中的一些缺点，避免声音最大或地位最高的人控制群体意志，每个人的观点都会被收集和反映出来，组织者也可以保证在征集意见做出决策时，没有忽视重要观点。

在德尔菲法的实施过程中，有两方面的人在参与，一是预测的组织者，二是被选出来的专家。

首先应注意的是德尔菲法中的调查表与通常的调查表有所不同，它包括两方面的内容：一是向被调查者提出并要求回答的问题；二是向被调查者提供的信息。调查表是专家们交流思想的工具。

**2. 德尔菲法的工作流程**

德尔菲法的工作流程大致分为四个步骤，在每一步中，组织者与专家都有各自不同的任务。

1）开放式的首轮调研

由组织者发给专家的第一张调查表是开放式的，不带任何条条框框，只提出预测问题，请专家围绕预测问题，提出预测事件。

注意：这里如果限制太多，会漏掉一些重要事件。

组织者汇总整理专家调查表，归并同类事件，排除次要事件，用准确的术语提出预测事件一览表，并作为第二张调查表发给专家。

2）评价式的第二轮调研

专家对第二张调查表所列的每个事件做出评价。例如，说明事件发生的时间、争论的问题和事件发生的理由。

组织者通过统计处理第二轮专家意见，整理出第三张调查表。第三张调查表包括事件、事件发生的中位数和（第一、三）四分位点，以及事件发生在四分位点以外的理由。

3）重审式的第三轮调研

发放第三张调查表，请专家重审争论。对上下四分位点以外的对立意见也作出评价。每位专家给出自己新的评价，尤其是持上下四分位点以外意见的专家，应重述自己的理由。如果需要修正自己的观点，也应叙述改变理由。组织者回收专家们的新评论和新争论，统计出中位数和上下四分位点。进一步总结专家观点，形成第四张调查表，其重点是争论双方的意见。

4）复核式的第四轮调研

发放第四张调查表，专家通过再次评价和权衡思考，做出新的预测。可以根据组织者的要求，确定是否要求做出新的论证与评价。

组织者回收第四张调查表，计算出每个事件的中位数和上下四分位点，进一步归纳总结各种意见的理由以及争论点。

> **警示**
> 值得注意的是，并非所有被预测的事件都要经过这四步。有的事件可能在第 2）步就达到统一了，而不必再进行第 3）步；有的事件可能在第 4）步结束后，专家对各事件的预测也不一定能达到统一。不统一也可以用中位数与上下四分位点来作结论。实际工作中，总会有很多事件的预测结果是不统一的。

### 3. 德尔菲法操作中的注意事项

（1）发出第一张调查表，收集参与者对于某一话题的观点时，需要注意，德尔菲法中的调查表与通常的调查表不同，通常的调查表只向被调查者提出问题要求回答，而德尔菲法的调查表不仅是提出问题，还有向被调查者提供信息的责任，调查表是团队成员交流思想的工具。

（2）向团队成员发出第二张调查表时，要列有其他人的意见，要求其根据具体标准对其他人的观点进行评估。

（3）向团队成员发出第三张调查表时，列有第二张调查表提供的评价结果以及所有共识，要求被调查专家修改自己原先的观点或评价。

（4）归纳总结出第四张调查表，内容包括所有评价、共识和遗留问题等，由组织者对其综合处理。

### 4. 常见的德尔菲分析方法

常见的德尔菲分析方法有指数法、最大值法和综合指数法等。

1）指数法

假设专家对某一指标选择"高""较高""中""较低"和"低"的人数分别为 $N_1$、$N_2$、$N_3$、$N_4$ 和 $N_5$，则该指标的指数为

$$\text{index} = \frac{100 \times N_1 + 75 \times N_2 + 50 \times N_3 + 25 \times N_4 + 0 \times N_5}{N} \quad (2-1)$$

其中，$N$ 是所有反馈意见专家的人数。

例如，要评价某项技术对我国的重要性，可以用上述方法进行。当所有专家都认为该项技术的重要性为"高"时，其指数为 100；当所有专家都认为不重要时，其指数为 0。

**2）最大值法**

在分析我国的技术差距、技术发展途径和研发基础等问题时，可采用最大值法。

例如，在判断我国与领先国家的技术差距时，可以用 $N_1$、$N_2$、$N_3$ 和 $N_4$ 分别表示回答"我国领先""与领先国家同等水平""落后 5 年""落后 6～10 年"的人数。把 $N_1$、$N_2$、$N_3$ 和 $N_4$ 中最大值所对应的选项作为该项目的专家意见。如 $N_2$ 最大，即该项目为"与领先国家同等水平"。

**3）综合指数法**

下面通过一个实例介绍综合指数法。经济效益的分析主要考虑的是产业化前景（用指数 $E$ 表示）、对提高国际竞争力的作用（用指数 $C$ 表示）和产业化程度（用指数 $M$ 表示）三个方面，可以通过这三个指标构成的综合指数进行分析，反映某项目经济效益的优劣。

假设：产业化成本（反映产业化程度的指标）为"投入"，产业化前景和国际竞争力之和为"产出"，用"产出"与"投入"之比反映经济效益指标，用 $E_c$ 表示，由此，经济效益综合指数为

$$E_c = \frac{产出}{投入} = \frac{E+C}{M} \tag{2-2}$$

其中，$E$、$C$、$M$ 指数的取值范围如表 2-1 所示。

**表 2-1 各指数的值域**

| | 指数 | 大 | 较大 | 中 | 较小 | 小 |
|---|---|---|---|---|---|---|
| 产出 | $E$ | 100 | 75 | 50 | 25 | 0 |
| | $C$ | 100 | 75 | 50 | 25 | 0 |
| 投入 | $M$ | 100 | 75 | 50 | 25 | 0 |

根据表 2-1 计算出"产出/投入"比（经济效益综合指数）的值域，如表 2-2 所示。

**表 2-2 经济效益指数表**

| | | 产出（$E+C$） | | | | |
|---|---|---|---|---|---|---|
| | | 大（200） | 较大（150） | 中（100） | 较小（50） | 小（0） |
| 投入（$M$） | 大（100） | 2.0 | 1.5 | 1.0 | 0.5 | 0 |
| | 较大（75） | 2.7 | 2.0 | 1.3 | 0.7 | 0 |
| | 中（50） | 4.0 | 3.0 | 2.0 | 1.0 | 0 |
| | 较小（25） | 8.0 | 6.0 | 4.0 | 2.0 | 0 |
| | 小（0） | ∞ | ∞ | ∞ | ∞ | — |

从表 2-2 可以看出，经济效益指数越大，经济效益越高。

【例 2-2】 已知：方案 A 的产出较大，$E+C=150$，投入也较大，$M=75$；方案 B 的产出中等，$E+C=100$，投入较小，$M=25$。请计算方案 A、B 的经济效益综合指数，并分析两个方案的优劣。

**解** 方案 A 的经济效益综合指数为

$$E_c=\frac{E+C}{M}=2$$

方案 B 的经济效益综合指数为

$$E_c=\frac{E+C}{M}=4.0$$

可见，方案 B 的经济效益综合指数比方案 A 的高。

德尔菲法是预测活动中的一个重要方法，在实际应用中通常可以划分为三个类型：经典型德尔菲法、策略型德尔菲法和决策型德尔菲法。

### 5. 德尔菲法的原则

(1) 挑选的专家应有一定的代表性、权威性。

(2) 在进行预测之前，首先应取得参加专家的支持，确保参与者能认真地进行每一次预测，以提高预测的有效性。同时也要取得决策层和其他高级管理人员的支持。

(3) 问题调查表应该措辞准确，不要引起歧义；征询的问题一次不宜太多，不要问与预测目的无关的问题，列入征询的相关问题不应相互包含；所提的问题应是所有专家都能回答的问题，并且应尽可能保证所有专家都能从同一角度去理解。

(4) 进行统计分析时，应该区别对待不同的问题，对于不同专家的权威性应给予不同权数，而不是一概而论。

(5) 提供给专家的信息应该尽可能的充分，以便其做出判断。

(6) 只要求专家做出粗略的数字估计，而不要求十分精确。

(7) 问题要集中，要有针对性，不要过分分散，以便将各个事件构成一个有机整体；问题应按等级排队，先简单后复杂，先综合后局部，这样容易引起专家回答问题的兴趣。

(8) 调查单位或领导小组意见不应强加于调查意见之中，要防止出现诱导现象，避免专家意见向领导小组的意见靠拢，以至得出专家迎合领导小组观点的预测结果。

(9) 避免组合事件。如果一个事件包括专家同意的和专家不同意的两个方面，专家将难以回答。

### 6. 德尔菲法应用实例

某通信企业研制出一种新型交换机，市场上还没有相似产品出现，该企业需要对可能的销售量做出预测，于是该企业成立了预测专家小组，并聘请业务经理、市场专家、销售人员和海外公司经理等 8 位专家，采用德尔菲法对该款交换机的全年可能销售量进行预测。将该交换机和一些相应的背景材料发给各位专家，要求大家给出该交换机最低销售量、最可能销售量和最高销售量三个数字，同时说明自己做出判断的主要理由。将专家们的意见收集起来，归纳整理后再返回给各位专家，然后要求专家们参考他人的意见对自己的预测重新考虑。专家们完成第一次预测后，得到第一次预测的汇总结果，具体预测结果详见表2-3。除第6位专家外，其他专家在第二次预测中都做了不同程度的修正，具体预测结果详见表2-3。在第三次预测中，大多数专家又一次修改了自己的看法，具体预测结果详见表2-3。第四次预测时，所有专家都不再修改自己的意见。因此，专家意见收集过程在第四次停止，具体过程数据见表2-3。

**表2-3  8位专家预测全年可能的销售量的过程数据**

| 专家编号 | 第一次 | | | 第二次 | | | 第三次 | | |
|---|---|---|---|---|---|---|---|---|---|
| | 最低销售量 | 最可能销售量 | 最高销售量 | 最低销售量 | 最可能销售量 | 最高销售量 | 最低销售量 | 最可能销售量 | 最高销售量 |
| 1 | 500 | 750 | 900 | 600 | 750 | 900 | 550 | 750 | 900 |
| 2 | 200 | 450 | 600 | 300 | 500 | 650 | 400 | 500 | 650 |
| 3 | 400 | 600 | 800 | 500 | 700 | 800 | 500 | 700 | 800 |
| 4 | 750 | 900 | 1500 | 600 | 750 | 1500 | 500 | 600 | 1250 |
| 5 | 100 | 200 | 350 | 220 | 400 | 500 | 300 | 500 | 600 |
| 6 | 300 | 500 | 750 | 300 | 500 | 750 | 300 | 600 | 750 |
| 7 | 250 | 300 | 400 | 250 | 400 | 500 | 400 | 500 | 600 |
| 8 | 260 | 300 | 500 | 350 | 400 | 600 | 370 | 410 | 610 |
| 平均数 | 345 | 500 | 725 | 390 | 550 | 775 | 415 | 570 | 770 |

最终预测结果为该交换机全年最低销售量为415台，最高销售量为770台，最可能销售量为570台。

德尔菲法作为一种定性的方法，不仅可以用于预测领域，而且可以广泛应用于各种评价指标体系的建立和具体指标的确定过程中。

例如，我们在考虑某项投资项目时，需要对该项目的市场吸引力做出评价。我们首先可以列出同市场吸引力有关的因素，如整体市场规模、市场增长率、毛利率、竞争强度、对环境的影响等。评价市场吸引力可以用上述因素加权求和形成的综合指标来评价。每个影响因素对构成市场吸引力的重要性，可以用权重来表示，这些权重需要由管理人员通过主观判断来确定，此时我们可以采用德尔菲法，计算各因素的评价得分，进而确定加权值。

### 7. 德尔菲法的优缺点

德尔菲法同常见的召集专家开会，通过集体讨论，得出一致预测意见的专家会议法既有联系又有区别，德尔菲法能较好地发挥专家会议法的优点，但也有一些缺点。表2-4具体比较了两者的优缺点。

表 2 - 4　德尔菲法与专家会议法的优缺点比较

| | 德尔菲法 | 专家会议法 |
|---|---|---|
| 优点 | 1. 能充分发挥各位专家的作用，集思广益，准确性高；<br>2. 能把各位专家意见的分歧点表达出来，取各家之长，避各家之短 | 1. 能比较高效地发挥与会专家的作用，集思广益，主题明确，讨论充分；<br>2. 能比较深刻地了解各位专家的意见，思想沟通交流方便 |
| 缺点 | 1. 缺少思想沟通交流，可能存在一定的主观片面性；<br>2. 易忽视少数人的意见，可能导致预测的结果偏离实际；<br>3. 存在组织者主观影响 | 1. 权威人士的意见会影响他人的意见；<br>2. 有些专家碍于情面，不愿意发表与其他人不同的意见；<br>3. 出于自尊心而不愿意修改自己原来不全面的意见 |

## 2.2.4　学习工单和自评报告

### 学 习 工 单

| 班级 | | 组别 | |
|---|---|---|---|
| 组员 | | 指导教师 | |
| 学习单元 | 决策方法 | | |
| 工作任务 | 分别利用头脑风暴法、哥顿法和德尔菲法进行移动用户营销方案的制定工作 | | |
| 任务描述 | 1. 利用头脑风暴法进行移动用户营销方案的制定工作；<br>2. 利用哥顿法进行移动用户营销方案的制定工作；<br>3. 利用德尔菲法进行移动用户营销方案的制定工作 | | |
| 前期准备 | 1. 了解头脑风暴法、哥顿法和德尔菲法的工作流程；<br>2. 进行相关章节的网络学习 | | |
| 任务实施 | 1. 分组；<br>2. 组织组内研讨活动；<br>3. 按照头脑风暴法、哥顿法和德尔菲法相关步骤进行方案制定活动；<br>4. 总结归纳；<br>5. 进行自评测试 | | |
| 学习总结与心得 | 1. 头脑风暴法、哥顿法和德尔菲法的工作流程总结；<br>2. 自评的情况；<br>3. 谈一下你对移动用户营销方案的看法；<br>4. 对三种方法进行对比分析 | | |
| 考核与评价 | 按照自评报告进行考核 | | |
| | 考核成绩 | | |
| | 教师签名 | | 日期 |

# 自评报告

学号：＿＿＿＿＿＿＿＿　　　姓名：＿＿＿＿＿＿＿　　　班级：＿＿＿＿＿＿＿

| 评分项目 | 要　　求 | 得分 |
|---|---|---|
| 头脑风暴法<br>（总分：20分） | 头脑风暴法的基本流程及关键环节如何？ | |
| 哥顿法<br>（总分：20分） | 哥顿法中，主持人如何概括出问题的关键作为议题？ | |
| 德尔菲法<br>（总分：20分） | 简述德尔菲法的优点与不足。 | |
| 学习总结<br>（总分：40分） | | |

相关推断法

## 2.3 定性分析方法

定性分析没有统一的模型可以遵循，但是可以借助于相关推断法、对比类推法、直观预测技术进行分析。

### 2.3.1 相关推断法

世间万事，有因就有果，有果必有因。相关推断法可以分析事物为什么发生、如何发展，通过研究事物的运动发展的因果关系进行推断。因果推论要求原因先于结果，原因与结果同时变化或者相关。

相关推断法是以事件的因果关系为依据，从已知相关事件的发展趋势来推断预测对象的变化趋势的，是推断预测法的一种。

> **探讨**
>
> 相关推断法是如何确定事物之间的因果的？
>
> 单纯根据统计数据是否可以推断出事物之间存在因果关系？
>
> 事物之间的关系有哪些？

在市场预测中，首先要根据理论分析或实践经验，找出同预测对象或预测目标相关的各种因素，特别是要抓住与预测对象有直接关系的主要因素，然后根据事件相关的内在因果关系进行推断。

相关推断法中的相关关系具体可体现在如下几个方面。

**1. 时间上的先行或后行关系**

某些经济现象发生变化后，相隔一段时间后与之相关的另一种经济现象也发生相应的变化，例如本期市场广告投入会对下期的市场份额产生影响。这种相关变动的关系从时间上称为先行与后行关系，它反映了相关经济现象在因果关系上的时间顺序性。代表先行关系的因素指标称为先行指标，代表后行关系的因素指标称为滞后指标，先行指标引起滞后指标变动的时间间隔称为滞后时间。

**2. 相关变动方向的顺向与逆向关系**

两种因素现象之间的相关变动方向同增同减的，称为顺向关系；一增一减的称为逆向关系。在市场预测中，根据两种因素现象之间的顺向和逆向关系，可以从一个因素指标的变动方向来推断另一个相关指标的变动趋势。例如，出口产品量的增加，会造成出口收入的增加。

**3. 多因素综合影响的关系**

首先，根据理论分析和实际经验，找出影响预测目标变动的各种因素；然后，预测其内部各个因素所发生的作用，包括作用方向及影响大小，逐个加以分析；最后，对各个因素的作用做出综合性判断，推测出预测目标总的变化趋势及大致的数量估计。

这种根据各因素变量之间的相关性，由某些因素变量的未来变化趋势对预测的因素变量的变化趋势进行推断的方法为相关推断法。

**【例 2-3】** 利用相关推断法分析近 5 年来的电信业务总量、收入及电信固定资产投资等的增长与 GDP 增长的关系。

**解** 根据因果分析的思想，我们选择 GDP，电信业务总量、收入，电信固定资产投资等指标进行相关推断分析，具体见图 2-2～图 2-5。

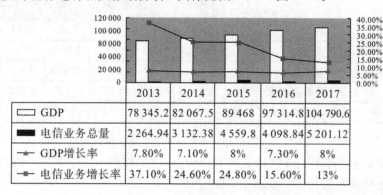

| | 2013 | 2014 | 2015 | 2016 | 2017 |
|---|---|---|---|---|---|
| □ GDP | 78 345.2 | 82 067.5 | 89 468 | 97 314.8 | 104 790.6 |
| ■ 电信业务总量 | 2 264.94 | 3 132.38 | 4 559.8 | 4 098.84 | 5 201.12 |
| ▲ GDP增长率 | 7.80% | 7.10% | 8% | 7.30% | 8% |
| ■ 电信业务增长率 | 37.10% | 24.60% | 24.80% | 15.60% | 13% |

图 2-2　GDP 与电信业务总量(单位:亿元)

| | 2013 | 2014 | 2015 | 2016 | 2017 |
|---|---|---|---|---|---|
| □ 电信业务收入 | 1 828.4 | 2 088.6 | 3 014.1 | 3 719.1 | 4 222.3 |
| ■ 电信固定资产投资 | 1 608 | 1 605.2 | 2 223.8 | 2 553.2 | 2073.3 |
| ▲ 电信业务收入增长率 | | 14.23% | 44.31% | 23.39% | 13.53% |
| ■ 电信固定资产投资增长率 | | −0.17% | 38.54% | 14.81% | −18.80% |

图 2-3　电信业务收入与电信固定资产投资(单位:亿元)

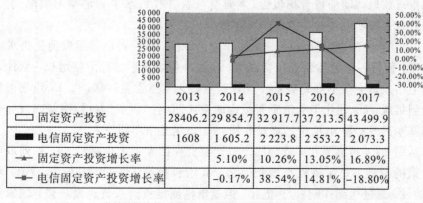

| | 2013 | 2014 | 2015 | 2016 | 2017 |
|---|---|---|---|---|---|
| □ 固定资产投资 | 28406.2 | 29 854.7 | 32 917.7 | 37 213.5 | 43 499.9 |
| ■ 电信固定资产投资 | 1608 | 1 605.2 | 2 223.8 | 2 553.2 | 2 073.3 |
| ▲ 固定资产投资增长率 | | 5.10% | 10.26% | 13.05% | 16.89% |
| ■ 电信固定资产投资增长率 | | −0.17% | 38.54% | 14.81% | −18.80% |

图 2-4　社会固定资产投资与电信固定资产投资(单位:亿元)

分析：

(1) 从图 2-2 可以看到，近 5 年电信业务总量与 GDP 的增长方向相同，都在以较高的速度增长。从 2013 年到 2017 年，电信业务总量占 GDP 的百分比依次为 2.89%、3.81%、5.1%、4.21%、4.96%，表明电信在 GDP 中的分量呈现

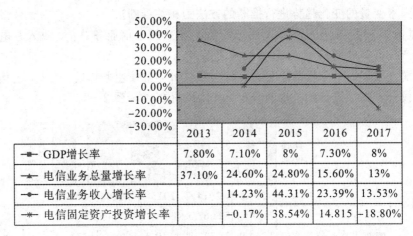

| | 2013 | 2014 | 2015 | 2016 | 2017 |
|---|---|---|---|---|---|
| GDP增长率 | 7.80% | 7.10% | 8% | 7.30% | 8% |
| 电信业务总量增长率 | 37.10% | 24.60% | 24.80% | 15.60% | 13% |
| 电信业务收入增长率 | | 14.23% | 44.31% | 23.39% | 13.53% |
| 电信固定资产投资增长率 | | -0.17% | 38.54% | 14.815 | -18.80% |

图2-5　GDP增长率与电信相关增长率比较

增长趋势，电信作为基础性行业对GDP具有拉动作用。从图中还可以看到，电信业务增长率在前几年一般高于GDP两倍以上。

值得注意的是，随着国家产业政策的转移和电信市场的逐渐饱和，电信业务总量增长速度放慢，总量趋于平稳。但是作为基础性行业和高科技行业的电信业，其增长率仍会高于GDP的增长率，继续发挥对GDP的拉动作用。

（2）图2-3反映的是电信业务收入与电信固定资产投资的关系。从图中可以看出，电信业务收入一直保持上升趋势，反映了我国对电信业务需求的增长态势，2017年达4222.3亿元。2015年电信业务收入增长率达44.31%，这与电信市场格局的改变有关，例如在移动通信市场上，随着移动业务竞争机制的形成，市场竞争激烈，入网费的取消、手机裸机价格的降低以及通话资费的下调、宽带业务的发展，极大降低了消费者进入门槛，激发了消费者的购买欲望和使用频率。但随着电信市场的饱和，电信收入增长速度趋于缓慢，同时新的增值业务仍不能很有效地调动消费者积极性（主要受消费者收入水平和消费习惯制约），所以预计未来短期电信业务收入增长速度会保持平稳。

（3）在电信固定资产投资上，由于以下原因，致使各电信运营商更讲求收益等因素，使得各电信运营商投资谨慎，某些年份增长率出现了负增长，预计未来几年电信投资会呈下降趋势：① 国家产业政策重点发生转移；② IT市场泡沫不断受到挤压；③ 近几年电信企业结构的重大调整；④ 我国电信网基础设施建设规模基本形成；⑤ 电信市场增长放慢；⑥ 市场竞争不断深入。

从图2-4可以看出，社会固定资产投资在国家扩大内需以及一系列政府采购政策的拉动下，保持较高增长态势，其增长率高于GDP增长率，2017年达16.89%，总量达到43 499.9亿元。但是电信固定资产投资速度放慢，国家产业政策重点发生转移。2013—2017年，电信固定资产投资占社会固定资产投资的百分比依次为5.66%、5.38%、6.76%、6.86%、4.77%。

（4）图2-5综合反映了GDP增长率、电信业务总量增长率、电信业务收入增长率和电信固定资产投资增长率的变化趋势。可以看到电信业务总量、电信业务收入与GDP将保持相同的增长趋势。GDP增长率保持平稳，电信业务总量增长率与电信业务收入增长率变化趋势相同,仍会高于 GDP 增长率。电信固定资产投资增长率目前处于较低水平。

## 2.3.2 对比类推法

对比类推法也称为类推比较法,是指应用类推原理,把预测目标同其他类似事物进行对比分析,以推断其未来发展趋势的一种推断方法。利用预测目标与类似事物在不同时间、地点、环境下具有相似的发展变化过程的特点,通过对比分析可以推断其发展趋势。

对比类推法通常用于类推比较定额,是制定劳动定额的常用方法之一。这种方法是以生产同类型产品或完成同类型工序的定额为依据,经对比分析,推断算出另一种产品或工序定额的方法。

对比类推法

作为依据的定额资料可以为:类似产品零件或工序的定额;类似产品零件或工序的实耗工时资料;典型零件、工序的定额标准等。用来对比的两种产品必须是相似的,具有明显的可比性。

对比类推法的一般操作步骤如下:

(1)确定具有代表性的典型工作。

(2)制定典型工作的劳动定额作为参考系。

(3)比较类推制定其他相似工作的劳动定额。

因为对比分析时,会有凭主观经验估计和推算的成分,因此,对比类推法含有经验估计法的成分。如果运用过去的记录、统计资料作为对比的依据,则对比类推法与统计分析定额法有类似之处。

对比类推法的主要优点是工作量不大,只要运用的依据恰当,对比分析细致,可保证定额水平的平衡和提高。

> **探讨**
>
> 怎样根据经验,利用对比类推法得出定额的经验值?

定额编制的工作周期长,影响因素错综复杂,因此编制出科学合理的定额水平,除了要选择科学的测定方法外,还要利用工程专家在定额方面的经验。因为工程专家既是施工和生产的实践者,也是定额水平的执行者,最能了解施工和生产的实际物耗以及工时消耗与定额水平的执行情况,他们的参与可以缩小二者的差距。

因此,应首先收集整理定额的经验值。利用经验数值,可以提高定额的准确程度。在实际操作中,我们可以采用"三时估计法",即先请专家估计出相关产品的最长、最短和最可能的三种持续时间,然后根据概率理论为以上三种时间分别分配 1、1、4 的权重,最后求出期望的定额时间作为该项目的经验定额值。

具体的定额计算公式为

$$\text{生产的时间定额} = \frac{\text{最长持续时间} + \text{最短持续时间} + \text{最可能持续时间} \times 4}{6}$$

对比类推法也是一种获得经验值的方法,通过收集有价值的工程项目定额水平,也可以推测相关项目或相关地区的定额水平,可以作为制定定额的一个经验参考。

**【例 2 - 4】** 已知：根据 A 产品的生产经验统计出来的该产品的最长生产时间为 10 分钟，最短生产时间为 3 分钟，最可能生产时间为 5 分钟。请计算 A 产品的生产定额。

**解**  生产的时间定额 $= \dfrac{最长生产时间 + 最短生产时间 + 最可能生产时间 \times 4}{6}$

$$= \frac{10 + 3 + 5 \times 4}{6}$$

$$= 5.5 \ 分钟$$

### 2.3.3  直观预测技术

直观预测技术(亦称为专家预测法)是一种定性预测的方法，主要通过熟悉情况的有关人员或专家的直观判断进行预测。这种方法简单、易掌握、适应性较强，特别是在历史数据资料不足时，宜于使用。在对新业务进行预测时常使用此方法。直观预测技术的局限之处在于：预测者的知识和经验决定了预测结果的正确性，对于某一事件也只能判断其发展趋势、优劣程度和发生的概率。

基于以上特点，直观预测技术通常适用于以下两种情况：

(1) 对缺乏历史资料的统计指标进行预测，如预测新业务的发展趋势。

(2) 着重对事物发展的趋势、方向和重大转折点进行预测，如预测企业未来的发展方向。

直观预测技术常用的方法有专家会议法、德尔菲(Delphi)法和综合判断法。

**1. 专家会议法**

请一批专家或熟悉情况的人员开会讨论，事前应提供必要的历史资料和环境情况，明确预测的目标，使与会专家有足够的准备时间。开会时专家各自提出意见，相互交流，使意见逐步集中。

专家会议法有助于交换意见，相互启发，集思广益，可以很好地弥补个人预测的缺陷。通过专家会议得到的信息量比单个成员占有的信息量大，考虑的因素也比单个成员考虑的因素全面，提供的预测方案较之单个成员提供的更为具体。

一般而言，专家会议法适合于规模较大和比较复杂的预测课题，特别是战略级决策。

**2. 德尔菲法**

德尔菲法具有匿名性、反馈性和统计性三大特点，其主要过程是主持预测的机构先选定与预测问题有关的领域，聘请有关方面的专家 10~30 人，与他们建立适当的联系，如信件往来，将他们的意见经过综合、整理、归纳，并匿名反馈给各位专家，再次征求意见。经过多次反复，使专家们的意见逐渐趋向一致，由主持预测的机构进行统计分析，提出最后的预测意见。

德尔菲法是作为一种长期预测技术而出现的，在实际运用时，常常可运用于多种场合，如当无法收集或获得当前和过去的数据资料、其他数学模型无能为力时，德尔菲法就能充分发挥专家们的经验进行预测。

### 3. 综合判断法

综合判断法是德尔菲法的一种派生形式，也称为概率估算法。该法中，每个专家除提出预测结果外，还要给出三个预测值，即最低估计值（$a_i$）、最高估计值（$b_i$）和最可能的估计值（$c_i$），然后分别求出每个专家预测结果的平均量：

$$x_i = \frac{a_i + b_i + 4c_i}{6} \tag{2-3}$$

最后根据各位专家的实际工作经验、意见的权威性等分别给每位专家一个权数 $w_i$，并根据各人的预测结果的平均量进行加权处理，求得预测结果：

$$x = \frac{\sum x_i w_i}{\sum w_i} \tag{2-4}$$

## 2.3.4 学习工单和自评报告

### 学 习 工 单

| 班级 | | 组别 | |
|---|---|---|---|
| 组员 | | 指导教师 | |
| 学习单元 | 定性分析方法 | | |
| 工作任务 | 分别利用相关推断法、对比类推法、直观预测技术等定性分析方法进行移动用户市场的分析和预测 | | |
| 任务描述 | 1. 利用相关推断法进行移动用户市场的分析和预测；<br>2. 利用对比类推法进行移动用户市场的分析和预测；<br>3. 利用直观预测技术进行移动用户市场的分析和预测 | | |
| 前期准备 | 1. 了解相关推断法、对比类推法、直观预测技术的工作原理；<br>2. 进行相关章节的网络学习 | | |
| 任务实施 | 1. 分组；<br>2. 组织组内研讨活动；<br>3. 按照相关推断法、对比类推法、直观预测技术相关步骤进行分析和预测；<br>4. 总结归纳，给出预测结论；<br>5. 进行自评测试 | | |
| 学习总结与心得 | 1. 相关推断法、对比类推法、直观预测技术的工作过程总结；<br>2. 自评的情况；<br>3. 谈一下你对移动用户市场进行分析和预测的结果；<br>4. 对三种方法的结果进行对比分析 | | |
| 考核与评价 | 按照自评报告进行考核 | | |
| | 考核成绩 | | |
| | 教师签名 | | 日期 |

# 自 评 报 告

学号：_____　　　姓名：_____　　　班级：_____

| 评分项目 | 要　　求 | 得分 |
|---|---|---|
| 相关推断法<br>（总分：20分） | 相关推断法中的相关关系具体可体现在哪几个方面？ | |
| 对比类推法<br>（总分：20分） | 简述对比类推法的操作步骤。 | |
| 直观预测技术<br>（总分：20分） | 直观预测技术通常适用于哪些情况？ | |
| 学习总结<br>（总分：40分） | | |

## 2.4 定量分析方法

本节将对几种主要的定量分析方法进行介绍。

### 2.4.1 时间序列分析法

时间序列分析法就是把影响因变量变化的一切因素用"时间"综合起来描述，即依据历史的规律来预测其未来的变化，根据历史资料和不同时期事物的发展做定量预测。时间序列分析法包括确定性时间序列分析法和随机性时间序列分析法。其中，确定性时间序列分析法包括一些简单的外推方法和一些常用且典型的曲线模型方法等，具体包括趋势外推法、平滑预测法和成长曲线预测法。

定量分析方法

时间序列分析法

时间序列分析法是经济工作中常用的预测方法，其根据事物的过去推测其未来，故又称其为外推法。

（1）时间序列就是将历史数据按时间顺序排列的一组数字序列。

（2）时间序列分析法就是根据预测对象的这些数据，利用数理统计方法加以处理，来预测事物的发展趋势。

时间序列分析法简便易行，但准确性较差。时间序列的组成形式复杂，可分为长期趋势、季节性波动、周期性波动和随机波动。

> **归纳思考**
>
> 时间序列分析法的基本思想是：
>
> （1）事物发展具有时间延续性；
>
> （2）考虑事物发展中随机因素的影响和干扰，利用统计分析中加权平均等方法进行趋势预测。

#### 1. 趋势外推法

统计资料表明，大量社会经济现象的发展主要是渐进型的，其发展相对于时间有一定的规律性，即未来发展趋势和过去的发展规律有一定程度的一致性。

趋势外推法首先假设未来发展趋势和过去发展规律相一致，采用曲线对数据序列进行拟合，从而建立能描述对象发展过程的预测模型，然后用模型外推进行预测分析。应用趋势外推法应该满足两个假设条件：

（1）假定事物发展过程没有跳跃式变化，一般趋于渐进变化。

（2）假定决定事物的过去和现在的发展因素也决定着事物未来的发展，其条件是不变的或变化不大。即，假定根据过去资料建立的趋势外推模型能适应未来，能代表未来趋势变化的情况。

在应用趋势外推法时，应先根据统计数据序列的趋势，分析预测对象发展的规律，选择不同的预测方法。通信业务预测中的常用模型有：

$$y_t = a + bt \text{（线性方程）} \tag{2-5}$$

$$y_t = a + bt + ct^2 \text{（二次曲线方程）} \tag{2-6}$$

$$y_t = AB^t \text{（指数方程）} \tag{2-7}$$

$$y_t = At^b \text{（幂函数方程）} \tag{2-8}$$

由于趋势外推法假设未来发展趋势和过去的发展规律相一致，因此比较适合于近期预测，不太适合于中远期预测。

### 2. 平滑预测法

平滑预测法也是一种时间序列预测模型。它基于这样一种基本假设：历史数据所显示出来的规律性，可以被延伸到未来时期。其特点是首先对统计数据进行平滑处理，滤掉由偶然因素引起的波动，然后找出其发展规律。常用的平滑预测法有两种，一是移动平均法，二是指数平滑法。

移动平均法是修匀时间序列的一种方法。该方法从时间序列的首项数据开始，按拟定的移动项数求移动平均数，而后逐项移动，逐个求出移动平均数。这个新的时间序列把原序列的不规则变动加以修匀，变动趋于平滑，使长期趋势比较清楚地显现出来。

移动平均法可以分为简单移动平均法和加权移动平均法。简单移动平均法只适合做近期预测，并且只适用于预测目标的基本趋势在某一水平上下波动的情况。

移动平均法的预测分两步：

（1）统计数据的平滑处理。它分一次、二次移动平均：

$$Y(t)_N^1 = \frac{1}{N} \sum_{i=t-N+1}^{t} x_i \tag{2-9}$$

$$Y(t)_N^2 = \frac{1}{N} \sum_{i=t-N+1}^{t} Y(t)_i^1 \tag{2-10}$$

式中，$Y(t)_N^1$ 和 $Y(t)_N^2$ 分别为一次和二次移动平均值，$x_i$ 为统计数据值，$N$ 为移动平均的周期。

（2）建立预测模型：

$$Y(t_0 + T) = a(t_0) + b(t_0)T \tag{2-11}$$

式中：$t_0$ 为预测时间的起点；$T$ 为由 $t_0$ 算起的未来时间；$a(t_0)$、$b(t_0)$ 为待定系数，可由如下公式计算得出：

$$a(t_0) = 2Y(t_0)_N^1 - Y(t_0)_N^2 \tag{2-12}$$

$$b(t_0) = \frac{2}{N-1} \left[ Y(t_0)_N^1 - Y(t_0)_N^2 \right] \tag{2-13}$$

【例 2-5】 已知某局 2003 年至 2017 年通信业务量如表 2-5 所示，试利用移动平均法预测 2018 年的通信业务量。

表 2-5 某局 2003 年至 2017 年通信业务量

| 年份 | 序号 $t$ | 业务量 $y_t$/万件 | 一次移动平均 | 二次移动平均 |
| --- | --- | --- | --- | --- |
| 2003 | 1 | 50 | | |
| 2004 | 2 | 45 | | |
| 2005 | 3 | 60 | | |
| 2006 | 4 | 52 | | |
| 2007 | 5 | 45 | 50.4 | |
| 2008 | 6 | 51 | 50.6 | |

| 年份 | 序号 $t$ | 业务量 $y_t$/万件 | 一次移动平均 | 二次移动平均 |
|------|---------|------------------|-------------|-------------|
| 2009 | 7 | 60 | 53.6 | |
| 2010 | 8 | 43 | 50.2 | |
| 2011 | 9 | 57 | 51.2 | 51.2 |
| 2012 | 10 | 40 | 50.2 | 51.16 |
| 2013 | 11 | 56 | 51.2 | 51.28 |
| 2014 | 12 | 87 | 56.6 | 51.88 |
| 2015 | 13 | 49 | 57.8 | 53.4 |
| 2016 | 14 | 43 | 55 | 54.16 |
| 2017 | 15 | 52 | 57.4 | 55.6 |

**解** 利用简单移动平均法，取移动平均的周期 $N=5$，计算一次、二次移动平均。

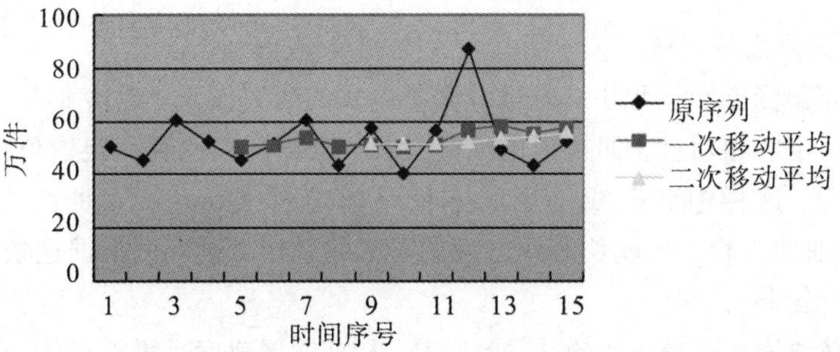

图 2-6 通信业务量的一次和二次移动平均

图 2-6 给出了一次、二次移动平均的结果。从移动平均的变化趋势分析，通信业务量呈线性变化，因此，选择线性方式预测 2018 年的通信业务量：

$$Y(t_0+T)=a(t_0)+b(t_0)T$$

利用以下参数估计公式：

$$a(t_0)=2Y(t_0)_N^1-Y(t_0)_N^2$$

$$b(t_0)=\frac{2}{N-1}[Y(t_0)_N^1-Y(t_0)_N^2]$$

根据已知条件，取 $t_0=2003$，$T=2018-2003=15$，代入上两式求得待估参数：

$$a(2003)=2\times57.4-55.6=59.2$$

$$b(2003)=\frac{2}{5-1}\times(57.4-55.6)=0.9$$

代入预测模型得

$$Y(2018)=Y(2003+T)=59.2+0.9T$$

可得 2018 年的业务量为

$$Y(2018)=Y(2013+15)=59.2+0.9\times15=72.7(万件)$$

从图 2-6 中可以看出：移动平均法对原始变量序列起着修匀的作用。图 2-7 显示步长 $N$（移动平均的项数）不同，其平滑作用不同，因此，步长对预测结果有一定的影响。

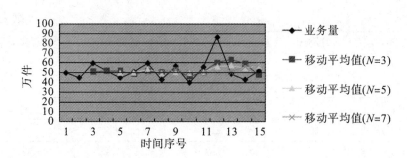

图 2-7　步长不同时的移动平均

从图 2-7 中可以看出：

（1）N 越大，随机成分抵消越多，对数据的平滑作用越强，预测值对数据变化的敏感性越差；

（2）N 越小，随机成分抵消越少，对数据的平滑作用越弱，预测值对数据变化的敏感性越强。

### 3. 成长曲线预测法

在研究预测方法过程中，通过对大量事实的研究发现，通信业务市场需求的发展等有一定的相似性。如市内电话的发展，当普及率达到一定数值以上时，逐渐趋于饱和。这种饱和曲线常用的方程有龚珀兹（Gompertz）曲线方程和逻辑（Logistic）曲线方程。当成长曲线方程的参数估计出来后，可根据这条拟合曲线，对未来进行预测。

龚珀兹曲线和逻辑曲线的共同特点是：初期发展速度呈增长趋势，中间发展速度逐渐减缓，最后趋于饱和，接近增长极限。两种曲线中间都有一个拐点，区别在于：逻辑曲线是对称的，而龚珀兹曲线不具有该特征。

## 2.4.2　相关分析预测技术

相关分析预测技术也称为因果预测法。这种预测技术是根据各因素变量之间的相互关系，利用历史数据建立回归方程进行预测的一种预测方法。其基本思路是：分析研究预测对象与有关因素的相互关系，用适当的回归预测模型表达出这些关系，然后根据数学模型预测未来发展。相关分析预测模型有线性和非线性之分，根据自变量的个数不同可分为一元相关或多元相关。

因果联系是世间万物普遍的一个联系方面，某个事物会引起另一个（或另一些）事物的变化，也就是说前者是原因，后者是结果。但是判断两个事物之间是否存在因果关系，并不是一件容易的事情。虽然因果关系是普遍存在的，但是并不是任意两个现象之间都存在因果关系。

关于这一点我们要从因果关系的共存性和先后性说起。所谓共存性，是指原因和结果之间在时空上总是相互接近的；所谓先后性，是指一般而言，原因在结果之前发生。

共存性和先后性增加了辨认因果关系的困难程度，因为并非只有原因和结果之间才具有共存性和先后性。如果仅根据这两种关系就判定因果关系的存在就会犯逻辑错误。

**1. 一元线性回归预测**

一元线性回归方程研究某一因变量 $y$ 与一个自变量 $x$ 之间的相关关系，其数学模型如下：

$$y = a + bx + \varepsilon \tag{2-14}$$

其中，$\varepsilon$ 为随机干扰项。

根据式(2-14)建立起来的预测模型，只要知道自变量 $x$ 的值，就可以预测因变量 $y$。假设自变量 $x$ 为广告投入，因变量 $y$ 为市场占有率，那么根据一元线性回归模型，可以通过广告投入预测市场占有率。

那么一元线性回归模型中，有两个参数 $a$ 和 $b$，它们该如何估计呢？这就是下面要介绍的参数估计问题。$a$ 和 $b$ 可以根据历史统计数据估计出来，具体方法如下所述。

一元线性回归预测

1）参数估计

一元线性回归方程参数的估计公式为

$$b = \frac{\sum x_i y_i - n\,\overline{x}\,\overline{y}}{\sum x_i^2 - n\,\overline{x}^2} \tag{2-15}$$

$$a = \overline{y} - b\overline{x} \tag{2-16}$$

式中：$x_i$、$y_i$ 分别为相关因素(自变量)和预测量(因变量)的统计值，如 $x_i$ 和 $y_i$ 可以代表第 $i$ 期广告投入和市场占有率的数值；$n$ 为观测点的个数，如已知 10 期的统计指标值，那么，$n=10$。

$$\overline{x} = \frac{\sum x_i}{n}, \qquad \overline{y} = \frac{\sum y_i}{n} \tag{2-17}$$

> **警示**
> 因变量的变化是由自变量的变化造成的。
> 线性回归预测可以反映自变量对因变量的影响程度。

2）模型检验

对某一研究对象而言，通过一系列观测数据，利用统计方法得到的预测模型并不总是合理的。那么如何确定预测模型的可信度呢？在统计学中有一套模型检验方法，可以用来检验模型的可用性及可信度。对于一元线性相关模型，常用的检验方法有误差检验、相关性检验和显著性检验。

(1) 误差检验。误差检验分为均方差 $\sigma$ 检验和相对误差 $\varepsilon$ 检验，其计算公式为

$$\sigma = \sqrt{\frac{\sum (y_i - y_i')^2}{n-2}} \tag{2-18}$$

$$\varepsilon = \frac{1}{n} \sum \left| \frac{y_i - y_i'}{y_i} \right| \tag{2-19}$$

一般认为，误差越小，预测模型的拟合程度越好。

(2) 相关性检验。相关性检验采用相关系数 $r$ 进行检验。相关系数计算公式为

$$r = \frac{\sum (x_i - \bar{x})(y_i - \bar{y})}{\sqrt{\sum (x_i - \bar{x})^2 (y_i - \bar{y})^2}} \qquad (2-20)$$

式中,

$$\bar{x} = \frac{1}{n} \sum x_i, \quad \bar{y} = \frac{1}{n} \sum y_i$$

若 $r > 0$,称之为正相关,即 $y$ 随 $x$ 增加而增加;若 $r < 0$,称之为负相关,即 $y$ 随 $x$ 的增加而减少。当 $|r|$ 接近于 1 时,认为 $x$ 与 $y$ 的线性关系明显,一元线性回归较为合理。

(3) 显著性检验。显著性检验可以对预测模型的总体合理性进行检验($F$-检验),也可以对模型中的参数进行检验($t$-检验)。也就是说:利用 $F$-检验可检验方程总体的可信度,而 $t$-检验主要用于对方程的参数 $a$ 和 $b$ 的可信度检验。

① 预测模型的总体合理性检验($F$-检验)。在进行 $F$-检验时,需先计算检验统计量 $F'$,其计算公式为

$$F' = \frac{\sum (y_i' - \bar{y})^2}{\dfrac{\sum (y_i - y_i')^2}{n-2}} = \frac{b(x_i y_i - n\overline{xy})}{\dfrac{\sum (y_i - y_i')^2}{n-2}} \qquad (2-21)$$

式中,$y_i$ 和 $y_i'$ 分别为预测量的统计值和通过回归方程(预测模型)计算的理论值(估计值),$n$ 为统计数据点数。

$$\bar{x} = \frac{1}{n} \sum x_i, \quad \bar{y} = \frac{1}{n} \sum y_i \qquad (2-22)$$

根据统计理论,在给定置信度 $(1-\alpha)$ 的情况下,利用 $F$-分布统计表可查出 $F$-检验的临界值 $F_\alpha(1, n-2)$。$F_\alpha(1, n-2)$ 代表置信度为 $(1-\alpha)$、自由度为 $(1, n-2)$ 的 $F$-统计量。

若 $F > F_\alpha(1, n-2)$,则认为回归效果显著,即该回归方程可接受。

若 $F < F_\alpha(1, n-2)$,则认为回归效果不显著,即该回归方程不合理。

② 参数检验($t$-检验)。对参数 $a$ 进行 $t$-检验的统计量计算公式为

$$t' = \frac{a}{\sqrt{\dfrac{\sum (y_i - y_i')^2}{n(n-2)}}} \qquad (2-23)$$

设给定置信度为 $(1-\alpha)$,可从 $t$-分布统计表中查出 $t$-检验的临界值 $t_{\frac{\alpha}{2}}(n-2)$。$t_{\frac{\alpha}{2}}(n-2)$ 表示置信度为 $(1-\alpha)$、自由度为 $(n-2)$ 的 $t$-统计量的理论值。

若 $t' > t_{\frac{\alpha}{2}}(n-2)$,则认为 $a$ 值有效。

若 $t' < t_{\frac{\alpha}{2}}(n-2)$,则没有充分理由说明 $a$ 有效。

对参数 $b$ 也可采用 $t$-检验,其统计量的公式为

$$t' = \frac{b\sqrt{\sum x_i^2}}{\sqrt{\dfrac{\sum (y_i - y_i')^2}{n(n-2)}}} \qquad (2-24)$$

参数 $b$ 的检验方法同参数 $a$ 的一样。

3）区间预测

由于预测结果具有不确定性，因此，需要知道在一定置信度上预测值的变化区间，这就是区间预测。区间预测的计算方法如下：

（1）首先利用参数估计的方法得出预测模型，然后给定自变量 $x_0$，计算预测值 $y_0 = a + bx_0$。

（2）在给定置信度 $(1-\alpha)$ 后，可求得预测值 $y_0$ 的置信区间为 $[y_0 - S(y_0)$，$y_0 + S(y_0)]$。其中，

$$S(y_0) = t_{\frac{\alpha}{2}}(n-2) \sqrt{\frac{\sum (y_i - \hat{y}_i)^2}{n(n-2)}} \sqrt{1 + \frac{1}{n} + \frac{(x_0 - \bar{x})^2}{\sum (x_i - \bar{x})^2}}$$

$$= t_{\frac{\alpha}{2}}(n-2)\hat{\sigma}(e_0) \tag{2-25}$$

式中，$y_i$ 和 $\hat{y}_i$ 分别为预测量的统计量和回归方程的估计值，$n$ 为统计数据点数，临界值 $t_{\frac{\alpha}{2}}(n-2)$ 为置信度为 $(1-\alpha)$、自由度为 $(n-2)$ 的 $t$-统计量理论值。

> **重点掌握**
>
> 线性回归方程可以反映因变量与一个自变量之间的相关关系。
>
> 回归方程的参数可以通过历史数据估计出来。
>
> 回归方程预测的可信度可以通过检验统计量来评价。
>
> 根据回归方程进行未来预测可以得到点预测和区间预测结果。

【例 2-6】　某市 2001—2017 年工业总产值与邮运量的统计值如表 2-6 所示，试用一元线性回归模型预测该市工业总产值为 50 亿元的邮运量。

**表 2-6　某市工业总产值和邮运量统计表**

| 年份 | 序号 | 工业总产量 $x$/千万元 | 邮运量 $y$/10 万袋 |
|---|---|---|---|
| 2001 | 1 | 65 | 44 |
| 2002 | 2 | 70 | 47 |
| 2003 | 3 | 70 | 50 |
| 2004 | 4 | 75 | 60 |
| 2005 | 5 | 100 | 62 |
| 2006 | 6 | 105 | 65 |
| 2007 | 7 | 115 | 74 |
| 2008 | 8 | 130 | 82 |
| 2009 | 9 | 140 | 90 |
| 2010 | 10 | 150 | 96 |
| 2011 | 11 | 160 | 100 |
| 2012 | 12 | 170 | 107 |
| 2013 | 13 | 180 | 120 |
| 2014 | 14 | 205 | 127 |

| 年份 | 序号 | 工业总产量 $x$/千万元 | 邮运量 $y$/10 万袋 |
|------|------|---------------------|-------------------|
| 2015 | 15 | 220 | 132 |
| 2016 | 16 | 240 | 136 |
| 2017 | 17 | 250 | 140 |

**解** （1）依据已知条件绘制如图 2-8 所示的统计图表。

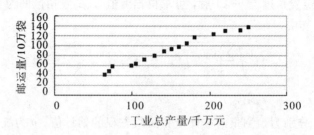

图 2-8 某市工业总产值和邮运量统计

从图 2-8 可以看出，工业总产量 $x$ 与邮运量 $y$ 有很强的线性关系，因此建立模型：

$$y = a + bx + \varepsilon$$

其中，$\varepsilon$ 为随机干扰项。应用 Excel 的回归分析得到图 2-9 所示的分析结果。

| 回归统计 | |
|---------|---------|
| Multiple R | 0.989 989 9 |
| R Square | 0.980 080 1 |
| Adjusted R | 0.978 752 1 |
| 标准误差 | 4.778 685 5 |
| 观测值 | 17 |

(a)

| 方差分析 | | | | | |
|---------|-----|-----------|-----------|---------|---------------|
| | df | SS | MS | F | Significance F |
| 回归分析 | 1 | 16 923.79 | 16 923.792 | 738.015 | 3.590 63E-14 |
| 残差 | 15 | 343.972 6 | 22.931 509 | | |
| 总计 | 16 | 17 267.76 | | | |

(b)

| | Coefficient | 标准误差 | t Stat | P-value | Lower 95% | Upper 95% | 下限 95% | 上限 95% |
|---|-----------|---------|--------|---------|-----------|-----------|----------|----------|
| Intercept | 12.876 842 | 3.071 311 4 | 4.192 620 2 | 0.000 785 | 6.330 493 | 19.423 191 | 6.330 49 | 19.423 191 42 |
| 工业总产量 | 0.537 052 6 | 0.019 769 | 27.166 427 | 3.59E-14 | 0.494 916 | 0.579 189 2 | 0.494 92 | 0.579 189 247 |

(c)

图 2-9 Excel 的回归分析结果

应用 Excel 软件得到 $a = 12.877$，$b = 0.537$，所以线性回归方程为

$$\hat{y} = 12.877 + 0.537x$$

$R^2 = 0.989\ 99$，$\bar{R}^2 = 0.980\ 08$，说明工业总产量 $x$ 解释了邮运量 $y$ 变化量的 98.99%，回归方程与样本值的拟合度较好。

（2）检验。

$F$-检验：取 $\alpha = 0.05$，则

$$F = 738.014\ 8 > F_{0.05}(1, 14) = 4.6$$

回归方程显著成立。

$t$-检验：取 $\alpha = 0.05$，则

$$T(b) = 27.166 > t_{0.025}(14) = 2.14$$

$b$ 显著不为零。

模型分析：以上检验说明邮运量 $y$ 与工业总产量 $x$ 具有线性关系。工业总产量每增加 10 亿元，邮运量增加 537 万袋。

（3）预测。

点预测：该市工业总产值为 50 亿元，得预测值 2813.7 万袋。

区间预测：

$$\hat{\sigma}(e_0) = \sqrt{\frac{\sum (y_i - \hat{y}_i)^2}{n(n-2)}} \sqrt{1 + \frac{1}{n} + \frac{(x_0 - \bar{x})^2}{\sum (x_i - \bar{x})^2}}$$

$$= 56.009\ 14 \ (\text{万袋})$$

取 $\alpha = 0.05$，查自由度为 14 的 $t$-分布表，得 $t_{0.025}(14) = 2.14$，于是得

$$S(y_0) = t_{\frac{\alpha}{2}}(n-2)\hat{\sigma}(e_0) = 120 (\text{万袋})$$

依据

$$\hat{y}_0 - t_{0.025}(14)\hat{\sigma}(e_0) < y < \hat{y}_0 + t_{0.025}(14)\hat{\sigma}(e_0)$$

得

$$2813.7 - 120 < y < 2813.7 + 120 \quad (\text{单位：万袋})$$

所以预测区间为 $[2693.7, 2933.7]$。

即：在置信度 95% 下，当该市工业总产值为 50 亿元时，邮运量的预测范围为 2693.7 万袋到 2933.7 万袋。

**2. 多元线性回归预测**

一元线性回归预测研究的问题过于简单，而一般预测变量不是仅受一种因素的影响，而是受多因素共同的影响。比如，在通信业务量预测中，某地区的通信业务量不仅与该地区的人口数有关，还与该地区的 GDP、用户消费水平等因素有关。多元线性回归预测能满足上述预测需求，它主要用于研究某一因变量与多个自变量之间的线性相关性。

多元线性回归预测

1）模型与参数估计

多元线性回归模型如下：

$$y = b_0 + b_1 x_1 + b_2 x_2 + \cdots + b_k x_k + \varepsilon \qquad (2-26)$$

式中：$y$ 为因变量（预测对象）；$x_1, x_2, \cdots, x_k$ 为 $k$ 个自变量（影响因素）；$\varepsilon$ 为随机干扰项。

在常规多元线性回归预测中，自变量很少超过 10 个。这是因为自变量越多，

估计误差越大，将会影响预测的精准度。

假设已知 $x_{ij}$ 为第 $i$ 个自变量、第 $j$ 个观察值，$y_j$ 为第 $j$ 个因变量的观察值，由此，得出自变量矩阵 $\boldsymbol{X}$ 和因变量矩阵 $\boldsymbol{Y}$。

$$\boldsymbol{X} = \begin{bmatrix} x_{11} - \bar{x}_1 & x_{12} - \bar{x}_2 & \cdots & x_{1k} - \bar{x}_k \\ x_{21} - \bar{x}_1 & x_{22} - \bar{x}_2 & \cdots & x_{2k} - \bar{x}_k \\ \vdots & \vdots & \vdots & \vdots \\ x_{n1} - \bar{x}_1 & x_{n2} - \bar{x}_2 & \cdots & x_{nk} - \bar{x}_k \end{bmatrix}, \boldsymbol{Y} = \begin{bmatrix} y_1 - \bar{y} \\ y_2 - \bar{y} \\ \vdots \\ y_k - \bar{y} \end{bmatrix}, \boldsymbol{B} = \begin{bmatrix} b_1 \\ b_2 \\ \vdots \\ b_k \end{bmatrix}$$

$$(2-27)$$

$$\bar{x}_j = \frac{1}{n} \sum_{i=1}^{n} x_{ij} \quad (j = 1, 2, \cdots, k)$$

$$\bar{y} = \frac{1}{n} \sum_{i=1}^{n} y_i$$

最小二乘估计的思想是使估计误差平方和 $\sum_{i=1}^{n} \left[ y_i - b_0 - \sum_{j=1}^{k} (b_j x_{ij}) \right]^2$ 最小，进而推出多元线性回归方程式(2-26)的参数估计式为

$$\begin{cases} \boldsymbol{B} = (\boldsymbol{X}^{\mathrm{T}} \boldsymbol{X})^{-1} \boldsymbol{X}^{\mathrm{T}} \boldsymbol{Y} \\ b_0 = \bar{y} - \sum_{j=1}^{k} b_j \bar{x}_j \end{cases}$$

$$(2-28)$$

2) 线性关系的假设检验

(1) 回归方程线性关系的检验。回归方程的显著性检验可以利用 $F$-检验进行。$F$-检验统计量为

$$F = \frac{\dfrac{\mathrm{SSR}}{k}}{\dfrac{\mathrm{SSE}}{n-k-1}}$$

$$(2-29)$$

式中：

$$\mathrm{SSE} = \sum_{i=1}^{n} (y_i - \hat{y}_i)^2$$

$$\mathrm{SSR} = \sum_{i=1}^{n} (\hat{y}_i - \bar{y})^2$$

其中，$\hat{y}_i$ 为回归方程的估计值。

回归方程的显著性检验条件是：当 $F > F_\alpha(k, n-k-1)$ 时，在显著性水平为 $\alpha$ 的情况下，回归方程线性关系显著；当 $F \leqslant F_\alpha(k, n-k-1)$ 时，在显著性水平为 $\alpha$ 的情况下，无充分证据说明回归方程有显著线性相关。

(2) 回归参数显著性的检验。

回归参数显著性的检验可以利用 $t$-检验进行。$t$-检验统计量为

$$t_j = \frac{b_j}{S_y \sqrt{C_{jj}}} \qquad (j = 1, 2, \cdots, k)$$

$$(2-30)$$

式中：

$$S_y = \sqrt{\frac{\sum(y_i - \hat{y}_i)^2}{n-k-1}}$$

$$(C_{jj}) = \boldsymbol{L}^{-1} = (\boldsymbol{X}^T\boldsymbol{X})^{-1}$$

回归参数的显著性检验条件是：当 $|t_j| > t_{\frac{\alpha}{2}}(n-k-1)$ 时，在显著性水平 $\alpha$ 下，回归参数 $b_j$ 有效；当 $|t_j| \leqslant t_{\frac{\alpha}{2}}(n-k-1)$ 时，在显著性水平 $\alpha$ 下，没有充分证据说明回归参数 $b_j$ 有效。

3）区间预测

当预测模型得出后，给定一组自变量值 $(x_1^0, x_2^0, \cdots, x_k^0)$，利用回归方程式（2-26）可计算出预测值：

$$y_0 = a + \sum_{i=1}^{k} b_i x_i^0 \tag{2-31}$$

在给定置信度 $(1-\alpha)$ 后，可求得预测值 $y_0$ 的置信区间为 $[y_0 - S(y_0), y_0 + S(y_0)]$，其中，

$$S(y_0) = t_{\frac{\alpha}{2}}(n-k-1)\sqrt{\frac{\sum(y_i-\hat{y}_i)^2}{(n-k-1)}}\sqrt{1+\frac{1}{n}+\boldsymbol{X}_0(\boldsymbol{X}^T\boldsymbol{X})^{-1}\boldsymbol{X}_0^T} \tag{2-32}$$

式中：$\boldsymbol{X}_0 = (x_1^0, x_2^0, \cdots, x_k^0)$，$x_1^0, x_2^0, \cdots, x_k^0$ 分别代表 $x_1, x_2, \cdots, x_k$ 中心化后的值，即 $x_1 - \bar{x}_1, x_2 - \bar{x}_2, \cdots, x_k - \bar{x}_k$；$n$ 为统计数据组数；$k$ 为相关因素个数；$t_{\frac{\alpha}{2}}(n-k-1)$ 为置信度为 $(1-\alpha)$、自由度为 $(n-k-1)$ 的 $t$-统计量；$y_i$ 和 $\hat{y}_i$ 分别为预测量的统计值和理论值（回归方程的估计值）。

**【例 2-7】** 某邮电局电话业务量（用 $y$ 表示）增长的影响因素有两个：工农业总产值（用 $x_1$ 表示）和商品流转额（用 $x_2$ 表示）。表 2-7 给出了近 10 年的统计数据。经定性分析，认为影响因素与电话业务量存在线性关系，试用二元线性回归模型预测，若第 11 年工农业总产值 $x_1 = 215$ 千万元，商业流转额 $x_2 = 1.23$ 千万元的电话业务量。

**表 2-7 近 10 年来工农业总产值、商品流转额与电话业务量的统计数据**

（单位：千万元）

| 年次 | 电话业务量 $y$ | 工农业总产值 $x_1$ | 流转额 $x_2$ | $\hat{y}$ | $y-\hat{y}$ |
|---|---|---|---|---|---|
| 1 | 11 500 | 185.5 | 1.00 | 10 693.76 | 806.245 |
| 2 | 11 000 | 200.0 | 1.02 | 11 296.22 | −296.22 |
| 3 | 11 500 | 201.0 | 0.95 | 11 972.26 | −472.26 |
| 4 | 12 000 | 200.4 | 0.95 | 11 939.97 | 60.026 |
| 5 | 14 000 | 227.5 | 0.94 | 13 487.12 | 512.885 |
| 6 | 10 000 | 225.5 | 1.10 | 11 957.26 | −1 957.26 |
| 7 | 10 500 | 199.5 | 1.10 | 10 558.2 | −58.195 |
| 8 | 9500 | 190.5 | 1.12 | 9896.125 | −396.125 |
| 9 | 13 500 | 235.5 | 1.12 | 12 317.58 | 1182.425 |
| 10 | 10 500 | 203.5 | 1.20 | 9884.535 | 615.465 |

**解** (1) 参数估计。首先，根据历史数据进行二元线性回归的参数估计，由表 2 - 7 可求出：

$$\sum x_1 = 2068.9, \quad \sum x_2 = 10.5, \quad \sum y = 114000$$

因此，$\bar{x}_1 = 206.89$，$\bar{x}_2 = 1.05$，$\bar{y} = 11400$，代入式(2 - 27)得

$$\boldsymbol{X} = \begin{bmatrix} -21.4 & -0.05 \\ -6.9 & -0.03 \\ -5.9 & -0.1 \\ -6.5 & -0.1 \\ 20.6 & -0.11 \\ 18.6 & 0.05 \\ -7.4 & 0.05 \\ -16.4 & 0.07 \\ 28.6 & 0.07 \\ -3.4 & 0.15 \end{bmatrix}, \quad \boldsymbol{Y} = \begin{bmatrix} 100 \\ -400 \\ 100 \\ 600 \\ 2600 \\ -1400 \\ -900 \\ -1900 \\ 2100 \\ -900 \end{bmatrix}$$

从而得

$$\boldsymbol{L} = \boldsymbol{X}^{\mathrm{T}}\boldsymbol{X} = \begin{bmatrix} 2506.19 & 1.155 \\ 1.155 & 0.0728 \end{bmatrix}$$

$$\boldsymbol{L}^{-1} = \begin{bmatrix} 4.020 \times 10^{-4} & -6.377 \times 10^{-3} \\ -6.377 \times 10^{-3} & 13.8374 \end{bmatrix}$$

根据参数估计式(2 - 28) 推得

$$\boldsymbol{B} = \boldsymbol{L}^{-1}\boldsymbol{X}^{\mathrm{T}}\boldsymbol{Y} = \boldsymbol{L}^{-1}\begin{bmatrix} 124590 \\ -585 \end{bmatrix} = \begin{bmatrix} 53.81 \\ -8889 \end{bmatrix}$$

$$b_0 = \bar{y} - \sum b_j \bar{x}_j = 11400 - 53.81 \times 206.89 + 8889 \times 1.05 = 9601$$

由此，可知多元线性回归方程为

$$\hat{y} = 9601 + 53.81 x_1 - 8889 x_2$$

(2) 预测模型和参数检验。

① 检验 $y$ 与 $x$ 的整体线性关系：

$$\mathrm{SSE} = \sum_{i=1}^{n} (y_i - \hat{y}_i)^2 = 6995536$$

$$\mathrm{SSR} = \sum_{i=1}^{n} (\hat{y}_i - \bar{y})^2 = 11904042$$

$$F = \frac{\dfrac{\mathrm{SSR}}{k}}{\dfrac{\mathrm{SSE}}{n-k-1}} = \frac{\dfrac{11904042}{2}}{\dfrac{6995536}{7}} = 5.9558$$

$$F > F_\alpha(k, n-k-1) = F_{0.05}(2, 7) = 4.737416$$

因此，电话业务量与工农业总产值、商品流转额的整体线性关系显著。

② 利用 $t$ -检验检验 $b_1$ 和 $b_2$ 的显著性。

$$S_y = \sqrt{\frac{\sum (y_i - \hat{y}_i)^2}{n-k-1}} = \sqrt{\mathrm{MSE}} = \sqrt{999362.3}$$

参数 $b_1$ 的 $t$-检验统计量为

$$t_1 = \frac{b_1}{S_y \sqrt{C_{11}}} = \frac{53.81}{\sqrt{999362.3 \times 4.020 \times 10^{-4}}} = 2.6848$$

$$|t_1| = 2.6848 > t_{\frac{\alpha}{2}}(n-k-1) = t_{0.025}(7) = 2.3646$$

故 $b_1$ 显著有效。

　　参数 $b_2$ 的 $t$-检验统计量为

$$t_2 = \frac{b_2}{S_y \sqrt{C_{22}}} = \frac{-8889}{\sqrt{999362.3 \times 13.8374}} = -2.3905$$

$$|t_2| = 2.3905 > t_{\frac{\alpha}{2}}(n-k-1) = t_{0.025}(7) = 2.3646$$

故 $b_2$ 显著有效。

　　因此，根据模型检验和参数检验的结果，该预测模型能反映电话业务量和工农业总产值（$x_1$）、商品流转额（$x_2$）之间的关系。

　　（3）结果预测。

　　假设第11年，工农业总产值 $x_1 = 215$ 千万元，商品流转额 $x_2 = 1.23$ 千万元，则根据回归方程，电话业务量的点估计值为

$$\hat{y}_0 = 9601 + 53.81 \times 215.0 - 8889 \times 1.23 = 10236.30\ (千万元)$$

对 $\mathbf{X} = \begin{bmatrix} x_1 \\ x_2 \end{bmatrix} = \begin{bmatrix} 215 \\ 1.23 \end{bmatrix}$ 值中心化后，得

$$\mathbf{X}_0 = \begin{bmatrix} 215 - 206.89 \\ 1.23 - 1.05 \end{bmatrix} = \begin{bmatrix} 8.11 \\ 0.18 \end{bmatrix}$$

取置信度为 $0.95$，代入式（$2$-$32$），得出预测区间为

$$S(y_0) = t_{\frac{\alpha}{2}}(n-k-1) \sqrt{\frac{\sum (y_i - \hat{y}_i)^2}{(n-k-1)}} \sqrt{1 + \frac{1}{n} + \mathbf{X}_0 (\mathbf{X}^T \mathbf{X})^{-1} \mathbf{X}_0^T}$$

$$= 2.3646 \sqrt{999362} \sqrt{1 + \frac{1}{10} + \begin{bmatrix} 8.11 \\ 0.18 \end{bmatrix} \begin{bmatrix} 4.020 \times 10^{-4} & -6.377 \times 10^{-3} \\ -6.377 \times 10^{-3} & 13.8374 \end{bmatrix} \begin{bmatrix} 8.11 \\ 0.18 \end{bmatrix}}$$

$$= 10\,236.30 \pm 2949.30$$

　　结论：若以 $95\%$ 把握预测，则第11年的电话业务量应在 7287 至 13 186 之间。

**3. 非线性相关预测**

　　常用的非线性预测方程有一元非线性回归方程、多元非线性回归方程、柯柏-道格拉斯生产函数等。

　　1）一元非线性回归方程

　　回归函数并非是自变量的线性函数，但通过变换可以将之化为线性函数，从而利用一元线性回归对其分析，这样的问题是非线性回归问题。

非线性相关预测

　　对非线性模型的参数计算，通常采用变量变换、参数变换和反变换等方法。

　　2）多元非线性回归方程

$$y = b_0 x_1^{b_1} x_2^{b_2} \cdots x_k^{b_k} \tag{2-33}$$

对多元非线性回归模型求解的传统做法，仍然是想办法把它转化成标准的、线性形式的多元回归模型来处理。

3）柯柏-道格拉斯生产函数

$$y = A \times L^\alpha \times K^\beta \qquad (2-34)$$

式中：$A$，$\alpha$，$\beta$ 为固定参数；$y$，$L$，$K$ 为变量。

下面我们通过实例，介绍其他实用的非线性预测模型。

---

**警示**

非线性模型的计算通常采用变量变换、参数变换等方法，将非线性模型变换成线性模型进行参数估计，然后再反变换成非线性模型。

---

4）ITU 电信业务预测模型

20 世纪 80 年代初，ITU（国际电信联盟）根据各个国家或地区的电话主线普及率与该国家或地区的人均国民生产总值之间的关系，提出一个电信业务的预测模型，即主线普及率与按照美元计算的人均国民生产总值的对数成正比关系，用公式表示为

$$\log \text{Tel} = a + b\log \text{GDP} \qquad (2-35)$$

式中：GDP 为以美元计算的人均国民生产总值；Tel 为主线普及率；参数 $a$ 与货币有关；参数 $b$ 表示 GDP 增长的幂次方。

根据 30 个国家统计资料可以计算得到：

$$\log \text{Tel}_{1955} = -3.093\,2 + 1.444\log \text{GDP}$$
$$\log \text{Tel}_{1960} = -3.117\,1 + 1.432\log \text{GDP}$$
$$\log \text{Tel}_{1965} = -3.132\,9 + 1.405\log \text{GDP}$$
$$\log \text{Tel}_{1978} = -3.353 + 1.303\log \text{GDP}$$
$$\log \text{Tel}_{1981} = -3.3 + 1.2\log \text{GDP}$$
$$\log \text{Tel}_{1986} = -3.16 + 1.17\log \text{GDP}$$

说明：

（1）从上述分析结果可知，参数 $b$ 随着时间的推移逐步下降，表明整个世界单位经济产值对电信的需求将逐步降低。

（2）ITU 根据人均 GDP 分段统计，得到：

当人均 GDP＞1000 美元时，$a = -3.353$，$b = 1.303$；当 500 美元＜人均 GDP≤1000 美元时，$a = -3.353$，$b = 1.303$。

（3）我国有关部门对 120 个国家 1985 年的统计数据进行分析，得到 $a = -2.780\,9$，$b = 1.109\,3$。

这说明，统计预测模型随着时间与条件的变化，也会发生变化。

5）中国通信能力社会需求模型

原邮电部经济技术发展研究中心采集了 29 个国家的 1983 年的数据样值，通过统计方法，得到通信能力社会需求模型。利用 Tel 代表千人电话主线数，GDP 代表人均国民生产总值（美元），$E$ 代表百人适龄（20～24 岁）受高等教育人

数，$D$ 代表第三产业劳动者比例。

采用多元回归计算，得到通信能力社会需求模型如下：

$$\ln \text{Tel} = 1.004 + 0.6352\text{GDP} + 0.1686E + 1.2612D \qquad (2-36)$$

6）ITU 主线普及率模型

在 ITU 的《规划手册》中提出了主线普及率模型，它认为主线普及率 $y$ 是业务普及率 $y_\text{b}$ 与家庭普及率 $y_\text{h}$ 的总和，而两者与时间成线性关系，后者呈 S 形成长曲线形式，即

$$y = y_\text{b} + y_\text{h} = (a + bt) + \frac{S}{1 + \exp[-k(t - t_0)]} \qquad (2-37)$$

## 2.4.3　学习工单和自评报告

### 学 习 工 单

| 班级 | | 组别 | |
|---|---|---|---|
| 组员 | | 指导教师 | |
| 学习单元 | 定量分析方法 | | |
| 工作任务 | 分别利用时间序列分析法、相关分析预测技术等定量分析方法进行移动用户市场的分析和预测 | | |
| 任务描述 | 1. 利用时间序列分析法进行移动用户市场的分析和预测；<br>2. 利用相关分析预测技术进行移动用户市场的分析和预测 | | |
| 前期准备 | 1. 了解时间序列分析法、相关分析预测技术的工作原理；<br>2. 进行相关章节的网络学习 | | |
| 任务实施 | 1. 分组进行数据资料的采集与整理；<br>2. 组织组内研讨活动；<br>3. 分别按照趋势外推法、平滑预测法进行移动市场的分析和预测；<br>4. 分别按一元线性回归预测和多元线性回归预测进行分析和预测；<br>5. 总结归纳，给出预测结论；<br>6. 进行自评测试 | | |
| 学习总结与心得 | 1. 时间序列分析法、相关分析预测技术的工作过程总结；<br>2. 自评的情况；<br>3. 谈一下你对移动用户市场的预测分析的结果；<br>4. 对各种方法预测的结果进行对比分析 | | |
| 考核与评价 | 按照自评报告进行考核 | | |
| | 考核成绩 | | |
| | 教师签名 | 日期 | |

# 自 评 报 告

学号：＿＿＿＿＿＿＿＿＿  姓名：＿＿＿＿＿＿＿＿＿  班级：＿＿＿＿＿＿＿＿＿

| 评分项目 | 要　　求 | 得分 |
|---|---|---|
| 时间序列分析法<br>（总分：20 分） | 分析趋势外推法的适用场合，举例说明平滑预测法在股票分析中的应用。 | |
| 相关分析预测技术<br>（总分：30 分） | 简述一元线性回归与多元线性回归的异同。 | |
| 学习总结<br>（总分：50 分） | | |

## 2.5　规划求解

### 2.5.1　线性规划方法

多目标决策方法是 20 世纪 70 年代中期发展起来的一种决策分析方法。决策分析是在系统规划、设计和制造等阶段为解决当前或未来可能发生的问题，在若干可选的方案中选择和决定一种最佳方案的分析过程。

在社会经济系统的研究控制过程中，我们所面临的系统决策问题常常是多目标的，如我们在研究生产过程的组织决策时，既要考虑生产系统的产量最大，又要使产品质量高、生产成本低等。这些目标之间相互作用甚至矛盾，使决策过程变得相当复杂，决策者常常很难做出决策。这类具有多个目标的决策就是多目标决策。多目标决策常用的手段是线性规划方法。

目标规划(Goal Programming)是线性规划的一种特殊应用，能够处理单个主目标与多个次目标并存，以及多个主目标与多个次目标并存的问题。由美国学者查纳斯(A. Charnes)和库伯(W. W. Cooper)于 1961 年首次提出。

目标规划是以线性规划为基础发展起来的，但在运用中，由于要求不同，又有不同于线性规划之处：

(1) 目标规划中的目标可能不是单一目标而是多个目标，既有主要目标又有次要目标。根据主要目标建立分目标，构成目标网，形成整个目标体系。制定目标时应注意衡量各个次要目标的权重，各次要目标必须在主要目标完成之后才能给予考虑。

(2) 线性规划只寻求目标函数的最优值，即最大值或最小值，而多目标规划的目标函数不是寻求最大值或最小值，而是寻求这些目标与预计结果的最小差距，差距越小，目标实现的可能性越大。目标规划中有超出目标和未达目标两种差距。一般以 Y＋代表超出目标的差距，Y－代表未达目标的差距。Y＋和 Y－两者之一必为零，或两者均为零。当目标与预计结果一致时，两者均为零，即没有差距。当然，也存在目标规划无法达到规定值的情况，即：有时目标规划得出的结果会超过规定值，有时也会达不到规定值，这是允许的。

目标规划的核心问题是确定目标，然后根据目标建立模型，进而求解目标与预计结果的最小差距。目标规划的常用方法是一般线性规划求解法。

在企业经营中，目标规划的用途极为广泛，如确定利润目标，确定各种投资的收益率，确定产品品种和数量，确定对原材料、半成品等数量的控制目标等。

在进行实际问题的决策过程中，我们经常会遇到以下问题：

(1) 方案优劣并不以单一准则为衡量标准，而是以多重准则为衡量标准；

(2) 约束条件并不完全符合严格的刚性条件，具有一定的弹性。

可能的弹性约束有：最好等于、最好不大于、最好不小于等情况。

【例 2 - 8】　某工厂生产 A 和 B 两种产品。每生产一个 A 产品，利润为 1 美元，每生产一个 B 产品，利润为 6 美元。每天最多有 200 个 A 产品和 300 个 B 产品的订单，并且工厂每天生产 A 产品和 B 产品的总量最多不超过 400 个。请问应该怎样安排生产，才能达到利润最大化？

**解** 假设工厂每天生产 $x_1$ 个 A 产品，$x_2$ 个 B 产品。上述问题可抽象成以下线性规划问题：

$$目标函数（利润最大化）：\max x_1 + 6x_2$$

$$限制条件：\begin{cases} x_1 \leqslant 200 \\ x_2 \leqslant 300 \\ x_1 + x_2 \leqslant 400 \\ x_1, x_2 \geqslant 0 \end{cases} \quad (2-38)$$

我们以上述线性规划为例，分析线性规划问题的解空间。刚才的规划问题，涉及两个变量，$x_1$ 和 $x_2$ 定义了一个二维平面，规划求解时，每一个线性约束对应平面上的一条直线，直线将平面分为两半，其中一半是所有符合该线性约束的解空间，另一半是不符合约束的解空间。考虑多个线性约束，可以在平面上获得一个凸多边形。问题的有效解就在这个凸多边形内，如图 2-10(a) 所示。

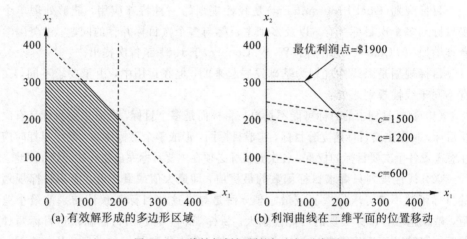

(a) 有效解形成的多边形区域      (b) 利润曲线在二维平面的位置移动

图 2-10 线性规划问题的解空间示意图

令 $x_1 + 6x_2 = c$，则目标函数也对应于平面上的一条直线，我们称之为利润曲线（见图 2-10(b) 中的虚线）。如果改变利润 $c$ 的值，则利润曲线在平面上平行滑动（见图 2-10(b)）。

线性规划问题的最优解就是最大的 $c$ 值，这个 $c$ 满足利润曲线与多边形至少有一点相交的条件。

由图 2-10(b) 可见最优利润点 $c$ 的值为 1900 美元。

---

**警示**

不是每个线性规划问题都有解！

---

有些线性约束不能形成有效解空间，如 $x \leqslant 1$ 并且 $x \geqslant 2$；有些线性约束形成的解空间无限大，如 $x \geqslant 100$ 或 $x \geqslant 150$；有些不能对目标函数形成约束，如目标函数为 $\max x_1 + x_2$ 时，约束条件为 $x_1, x_2 \geqslant 0$。

求解线性规划问题通常采用单纯形法求解。对于变量个数不多的情况，也可以在几何平面上的有效解空间获得有效解。规划求解的方法就是遍历解空间的所有边界，找到产生最大目标函数值的边界点。

在图 2-10(b)中，从(0,0)出发，走到(200,0)实现利润 200，再走到(200,200)实现利润 1400，再走到(100,300)实现利润 1900。此时再行走到 (0,300)，利润反而开始下降，所以，最佳利润点在 $x_1 = 100$，$x_2 = 300$ 上实现。

**【例 2-9】** 带宽分配问题。考虑如下连接三个用户的网络，每个用户通过路由器与另外两个路由器连接。任意两个用户之间至少应有两个单位的带宽连接。A-B、B-C 和 A-C 之间每个单位的连接分别产生 3 元、2 元、4 元的收益。我们已知任意两点之间可分配的带宽，如图 2-11 所示(线段上的数字代表该段的带宽)。

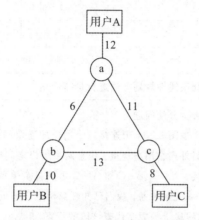

图 2-11　带宽分配问题示意图

用户之间的连接可以使用短路径或长路径。比如 A-B 之间可以通过 a-b，或者 a-c-b 连接。请问应该如何分配带宽才能获得最大收益？

**解**　首先，将问题描述为线性规划问题。令 $x_{AB}$ 和 $x'_{AB}$ 分别表示在短路径和长路径上分配的 A-B 之间的带宽，同理可以定义 B-C 和 A-C 之间的带宽变量。

根据要求，我们以利润最大化为目标，具体约束条件根据题意可知。下式描述了该线性规划问题：

$$
\begin{aligned}
\max\ & 3x_{AB} + 3x'_{AB} + 2x_{BC} + 2x'_{BC} + 4x_{AC} + 4x'_{AC} \\
& x_{AB} + x'_{AB} + x_{BC} + x'_{BC} \leqslant 10 && [\mathrm{edge}(b, B)] \\
& x_{AB} + x'_{AB} + x_{AC} + x'_{AC} \leqslant 12 && [\mathrm{edge}(a, A)] \\
& x_{BC} + x'_{BC} + x_{AC} + x'_{AC} \leqslant 8 && [\mathrm{edge}(c, C)] \\
& x_{AB} + x'_{BC} + x'_{AC} \leqslant 6 && [\mathrm{edge}(a, b)] \\
& x'_{AB} + x_{BC} + x'_{AC} \leqslant 13 && [\mathrm{edge}(b, c)] \\
& x'_{AB} + x'_{BC} + x_{AC} \leqslant 11 && [\mathrm{edge}(a, c)] \\
& x_{AB} + x'_{AB} \geqslant 2 \\
& x_{BC} + x'_{BC} \geqslant 2 \\
& x_{AC} + x'_{AC} \geqslant 2 \\
& x_{AB}, x'_{AB}, x_{BC}, x'_{BC}, x_{AC}, x'_{AC} \geqslant 0
\end{aligned}
\qquad (2\text{-}39)
$$

使用规划工具求解，得到如下带宽分配方案：

$$x_{AB}=0，x'_{AB}=7，x_{BC}=x'_{BC}=1.5，x_{AC}=0.5，x'_{AC}=4.5$$

由此可知，利润最大化的带宽分配方案为：A 到 B 短路径的带宽为 0，A 到 B 长路径的带宽为 7，B 到 C 短路径和长路径的带宽均为 1.5，A 到 C 短路径的带宽为 0.5，A 到 C 长路径的带宽为 4.5。

## 2.5.2　学习工单和自评报告

### 学 习 工 单

| 班级 | | 组别 | |
|---|---|---|---|
| 组员 | | 指导教师 | |
| 学习单元 | 规划求解 | | |
| 工作任务 | 利用线性规划方法进行带宽规划 | | |
| 任务描述 | 带宽分配问题：<br>考虑图 2-11 中连接三个用户的通信网络，每个用户通过路由器与另外两个用户连接。任意两个用户之间至少应有两个单位的带宽连接。A-B、B-C 和 A-C 之间每个单位的连接分别产生 5 元、4 元、3 元的收益。我们已知任意两点之间可分配的带宽如图 2-11 所示（线段上的数字代表该段的带宽）。<br>用户之间的连接可以使用短路径和长路径。比如 A-B 之间可以通过 a-b，或者 a-c-b 连接。分析应该如何分配带宽才能获得最大收益 | | |
| 前期准备 | 1. 了解线性规划方法的工作原理，弄懂例 2-9 的解题思路；<br>2. 进行相关章节的网络学习 | | |
| 任务实施 | 1. 阅读并理解任务；<br>2. 写出规划求解的目标函数；<br>3. 写出规划求解的约束条件；<br>4. 探索用画图法解释规划求解过程的方法；<br>5. 总结归纳；<br>6. 进行自评测试 | | |
| 学习总结与心得 | 1. 线性规划方法的工作过程总结；<br>2. 自评的情况；<br>3. 谈一下你对线性规划结果分析的思路 | | |
| 考核与评价 | 按照自评报告进行考核 | | |
| | 考核成绩 | | |
| | 教师签名 | | 日期 | |

# 自 评 报 告

学号：_____    姓名：_____    班级：_____

| 评分项目 | 要　　求 | 得分 |
|---|---|---|
| **目标规划**<br>（总分：20 分） | 简述目标规划的特点。 | |
| **线性规划**<br>（总分：30 分） | 简述线性规划的求解过程。 | |
| **学习总结**<br>（总分：50 分） | | |

## 2.6 小结

决策理论经历了古典决策理论，行为决策理论和新发展的决策理论（最新决策理论）三个阶段。

典型的方案制定方法有头脑风暴法、哥顿法和德尔菲法。

未来趋势预测可通过三个途径进行：

（1）因果分析：通过研究事物的形成原因来预测事物未来发展变化的必然结果。

（2）类比分析：通过分析可类比的事物的变化，预测事物的未来发展。

（3）统计分析：通过统计方法对事物的历史数据资料进行分析，揭示出数据背后的规律，进而给出事物的未来发展趋势。

时间序列分析法的基本思想是：

（1）事物发展具有时间延续性。

（2）考虑事物发展中随机因素的影响和干扰，利用统计分析方法进行趋势预测。

相关分析的预测技术建立在因果相关基础上，在分析研究预测对象与有关因素的相互关系的前提下，用适当的回归预测模型表达出这些关系，并预测未来发展。相关分析预测模型有线性和非线性之分，根据自变量的个数不同可分为一元相关或多元相关。

线性回归方程可以反映因变量与自变量之间的相关关系。通过历史数据可以估计模型中的参数值；通过检验统计量可以评价回归方程的可信度。

线性规划寻求目标函数的最优值，而目标规划可存在多个目标，其目标函数寻求的是这些目标与预计结果之间的最小差距。

第2章练习题

# 第 3 章

# 企业经营模拟

**本章重点**
- 企业经营模拟的过程及规则；
- 企业经营模拟的决策方法；
- 企业经营模拟的思想。

**本章难点**
- 企业经营模拟的过程及规则；
- 企业经营模拟的决策思路。

**课程思政**
- 将诚信理念贯穿到实践教学中；
- 强化学生的责任与担当意识；
- 研究企业经营决策的规律，树立精益求精的工匠精神。

**本章学时数** 8学时

**本章学习目的或要求**
- 掌握企业经营决策模拟的一般规则；
- 熟悉生产决策、产品分销、市场营销、人力资源、财务决策的一般方法。

## 3.1 企业经营模拟的决策问题

　　模拟是对真实事物或者过程的虚拟。例如：要设计一个新型的飞机，设计师一般不是按图纸制造出飞机，直接由飞行员驾驶飞上蓝天，因为那样做很容易造成人员伤亡和财产损失，风险太大。通常，设计师会先制造一个与飞机形状一样但体积很小的飞机模型，在风洞（可以调节出不同的风速和气流的复杂变化）实验室里观察飞机模型的状态，发现问题后再进行改进。人们通常将实验室里进行的飞机模型试验

经营模拟

叫作"模拟"试验。模拟的例子很多，比如建造一个水库大坝也要经过模拟试验等。

在现实生活中，企业想要生存，就需要运用各种生产要素向市场提供商品和服务。在这一过程中，企业管理者面对企业竞争和经营环境需要制定一系列的决策，决策制定的好坏直接影响企业的生存状况。制定决策是一个复杂的过程，它包括制定企业生产决策、产品定价决策、目标市场选择决策、人力资源规划决策、财务管理决策、宏观因素决策等内容。

企业经营风险很大，在教学中不可能以经营实体企业为课题，因此，使用计算机模拟手段进行教学成为重要途径。本课程将企业经营的概念充分引入到计算机模拟沙盘实践中，通过对一个企业多期的模拟经营，综合了现代企业管理、财务信息管理、市场营销、会计处理、销售管理、渠道管理等多方面的知识，基于"体验—分享—提升—应用"这一过程进行的体验式教学，着重于：引导学生建立企业经营的大局观；锻炼学生分析问题、解决问题的能力；加深学生对企业"进、销、存"的理解；培养学生的市场预测与决策能力。

---

**重点掌握**

企业经营模拟是将企业经营的理论与实践与计算机模拟沙盘技术融合在一起，通过模拟企业经营过程，综合运用现代企业管理、财务信息管理、市场营销、销售管理、渠道管理等理论知识，基于"体验—分享—提升—应用"这一过程进行的体验式教学。

---

### 3.1.1　企业生产决策

企业生产决策

企业的首要任务是生产产品或提供服务。此处我们模拟的企业是通信产品生产商。企业生产的几种产品属于不同的类型，可以形象地想象为交接箱、接头盒、终端盒等。模拟模型假设几种产品共用机器、人力和原材料资源。

企业在经营过程中需要安排工人和设备进行生产，生产决策的制定将直接影响生产产品的数量和质量，影响投入和产出的效率。

模拟设定：工人工作分为正班和加班两种，每个正班可以工作 8 小时，每个加班可以工作 4 小时，每名工人最多连续工作一个正班加一个加班。我们分期模拟，每期为一个季度，包括 13 个星期。机器可以不间歇地使用。

**【例 3-1】** 设企业有员工 250 人，机器 100 台，生产一个产品 A 需要 100 个机时和 150 个人时，如果我们只用第一班正班生产产品 A，则在一期时间里可以生产多少台产品 A？

**解**　具体计算方法如下。250 个工人在一个季度里第一班正班可以提供的工时为

$$250 \times 8 \times 5 \times 13 = 130000（工时）$$

机器在一个季度里第一班正班可提供的机时为

$$100 \times 8 \times 5 \times 13 = 52000（机时）$$

总工时可以生产 A 的数量为

$$\frac{130000}{150} = 866.6666（台）$$

总机时可以生产 A 的数量为

$$\frac{52000}{100}=520(台)$$

（每个季度有 13 周，每周有 5 个工作日，每个工作日的正班工作 8 小时，总工时和总人时以此为依据计算。）

两者相比，容易得到结论：机器使用量达到饱和时，工人仍有剩余，所以实际生产台数为两者比较的较小值，即可以生产 520 台产品 A。这也说明如果只使用第一班正班，将有部分工人空余，而不论工人是否工作，都需要支付基本工资，所以应考虑安排工人在除第一班正班外的时间也生产，这样可以提高产出率。科学合理地使用工人的工时和机器的机时就可以在拥有相同工人和机器数的条件下生产更多的产品。

思考题：所有工人利用第一班正班和第二班正班的时间生产产品 A，总共可以生产多少产品 A？

**归纳思考**

各决策期为一季度，每季度按 13 周计算，每周有 5 个工作日，每个工作日的正班工作 8 小时，则

每期正班工时为 520，加班工时为 260

## 3.1.2　产品定价决策

产品定价决策

企业在实际经营中需要对产品进行合理定价。企业产品的定价取决于生产成本、运输成本、管理成本、营销成本、利润空间、其他竞争企业定价等多种因素。可以通过计算得出企业生产并运往不同市场的产品成本，然后与其他企业相同产品在相同市场的定价进行比较，制定合理定价。还可以结合当期的售量和需求，调整下期的定价。一般而言，当运往某市场的所有产品都销售出去，且市场需求很大时，说明定价偏低，相反则偏高。

企业定价的策略受所提供的产品的价值、营销目标、成本、市场和需求的性质、竞争者的价格与反应、国家的政策及货币的价值及产品所处的生命周期等诸因素影响。

确定产品的价格必须考虑到成本。产品成本有总成本、固定成本、变动成本、营销成本、研发成本等，这对我们制定价格策略意义重大。产品成本的高低在很大程度上反映着产品价值的大小，应同产品出厂价格的水平高低成正比。产品成本又是产品价格低于价值的经济界限，是保证企业再生产的必要基础。在正常条件下，产品的生产成本低于价格，才能使企业在产品销售后，回收耗费在该产品中的成本支出，使生产持续地继续下去，这是企业生存和发展的前提条件。如果产品的成本在很长一段时间内高于价格，企业就不能以其销售收入补偿在生产过程中的消耗和支付劳动报酬，无法可持续发展。因此企业对成本必须准确地进行核算，并且不能以个别生产者的生产成本为依据，而应该以社会中等成本作为参照标准。

## 3.1.3　目标市场选择决策

对于一个企业来说，选择产品销售的目标市场是非常重要的决策。选择目标

市场时，应重点考虑以下几种因素：一是目标市场对于产品的需求量预测；二是本公司在该市场的占有率；另外还应该考虑产品运输成本等因素。目标市场需求量增加，产品的销量会变大，反之，需求量下降，产品的销量也会下降。而目标市场的需求量受到市场宏观因素、市场占有率、产品定价、产品等级、其他企业产品实力、广告和促销等因素影响。不同企业的产品到同一市场的运输费用会有差异，运输费用低，产品在目标市场的成本也相对较低，在竞争中更占有优势。

所谓目标市场，是指由一组有共同需要或者特征的购买者所组成的市场。根据评估不同的市场区划后的结果，企业可能会发现不止一个可行的市场区划。因此，企业必须决定选择哪一个或者多少个市场区划以准备进入，这就是目标市场选择。

目标市场选择决策

企业进入某一市场是期望得到利润，如果市场规模狭小或者趋于萎缩状态，企业进入后将难以获得利润和发展，此时，应慎重考虑，不宜轻易进入。

目标市场决策是市场营销决策中非常重要的环节，它解决的根本问题是寻找能购买本企业产品的顾客。为此，要对复杂的市场进行深入比较和分析，要对各个市场需求趋势进行预测，要从多个市场中选择自己的目标市场。这些分析需综合利用一些统计方法。

### 3.1.4 人力资源规划决策

人力资源规划决策

人力资源规划应该考虑到企业的生产总量和资源总量，需要结合企业生产的不同产品的产量、现有工人数量和机器数量来做出决策。应根据市场需求，调整自己的生产计划，根据生产不同产品的计划额，在考虑加班、工人培训、机器安装等影响因素后合理安排企业的人力资源规划。在模拟中，设定新雇佣员工需要一期时间进行培训，在此期间，员工的收入和贡献的工时都相当于四分之一个熟练工人。企业每期还有正常退休的员工，进行人力资源规划时，必须考虑这个因素。

在企业正常运营时，如果安排不合理，有可能造成有些工人有活干，有些工人没有活干。这就造成了人员的浪费，无形中提高了产品成本。因为，即使工人不工作，企业也需要支付员工工资。

在企业人力资源规划的过程中，还应该考虑人和机的合理搭配问题。因为单位产品不只是需要人工，还需要机时。如果人机搭配的比例不合理，就会造成资源的浪费，而机器每期也必须支付维修费和折旧费，所以只有合理配比机器和工人的数量，才能做到满足产量需求又不浪费。

人力资源规划制定过程主要包括以下五个步骤：

（1）预测未来人力资源供给；

（2）预测未来人力资源需求；

（3）筹划供给与需求的平衡；

（4）制定能满足人力资源需求的政策和措施；

（5）评估规划的有效性并及时进行调整、控制和更新。

### 3.1.5 财务管理规划

财务管理(Financial Management)是在一定的整体目标下，关于投资、筹资和营运资金，以及利润分配的管理。财务管理是企业管理的一部分，它是根据财经法规制度，按照财务管理原则，组织企业的财务活动、处理财务关系的经济管理工作。简言之，财务管理是组织企业财务活动，处理财务关系的一项经济管理工作。

　　企业运转需要财务做支撑。当公司财务状况出现问题，资金不足时，公司可以通过银行贷款或企业贷款等形式筹措资金。如果银行信用额度用完，将无法从银行得到贷款。当然，企业也可以发行企业债券来解决目前的资金危机，但是企业债券发行额度也是有上限的，不能无限制地发行。当企业无法筹措生产经营所需资金时，就会发生资金链断裂，这时，企业就会破产。因此，财务管理对一个企业的经营非常重要，要结合生产情况做好企业财务管理规划。

财务管理规划

　　在财务管理规划时，首先要搞清楚企业购买原材料、生产需要的机时与人时成本、运输成本、营销成本、库存成本、贷款成本、研发成本、废品成本等因素。然后，合理地分配资金预算，结合现有资金情况，确定是否需要贷款，需要多少贷款，银行还有没有信用额度等问题。

　　财务管理的理论发展经历了六个阶段：财务管理的萌芽期、筹资财务管理期、法规财务管理期、资产财务管理期、投资财务管理期和财务管理深化发展的新时期。20世纪70年代是财务管理理论走向成熟的时期。由于吸收自然科学和社会科学的研究成果，财务管理逐步发展成为集财务预测、决策、计划、控制和财务分析于一体的管理活动。财务管理的主要内容有：筹资管理、投资管理、营运资金管理和利润分配管理，财务管理在企业管理中处于核心地位。

## 3.1.6　宏观因素决策

　　作为企业管理者，必须具有宏观决策思维。宏观决策思维要求企业管理者具有战略头脑和战略思维。所谓宏观决策，是指企业领导者站在整个企业的角度，把握宏观政治、经济、军事、文化等方面的发展大势，洞察行业整体走向及业态竞争变化，挖掘消费需求演变规律，进而对本企业定位、发展目标、竞争策略以及资源整合做出前瞻性的思考和战略性的谋划。

宏观因素决策

　　宏观决策思维要求企业领导者立足于未来，通过对企业内外各种环境因素的深入洞察与分析，结合企业资源，对企业的远景与发展路径进行全面的思考和系统规划。

　　随着经济、文化、科技的迅速发展，特别是经济全球化进程的加快，全球信息通信网络的建立和消费需求的多样化，使得企业所处的环境更为开放、多变，充满了不确定性。这些变化对所有企业都产生了深刻的影响。因此，宏观环境分析日益成为一种重要的企业职能。

　　宏观环境分析可以从不同的视角进行，比较简单的方法就是PEST分析：从政治（Politics）、经济（Economy）、社会（Society）、技术（Technology）的角度分析环境变化对本企业的影响。例如，国家政策鼓励创业，那么与创业相关的产品供应与信息产品需求量就会增加。

　　对生产企业而言，领导者更关心宏观营销环境，分析宏观营销环境的目的在于更好地认识环境，通过企业营销努力适应社会环境与经济环境的变化，达到企业营销目标。宏观营销环境指对企业营销活动造成市场机会和环境威胁的主要社会力量。

在企业经营模拟中，每一期都会发布一些影响宏观经济的消息。因为对宏观经济的预测存在不确定性，这些消息也具有一定的不确定性，可能实际发生，且对目标市场需求产生影响，也可能最终没有产生实际影响，这些都需要企业管理者在决策过程中做出判断，合理规避风险，抓住机遇。

### 3.1.7 学习工单和自评报告

#### 学 习 工 单

| 班级 | | 组别 | | |
|---|---|---|---|---|
| 组员 | | 指导教师 | | |
| 学习单元 | 企业经营模拟的决策问题 | | | |
| 工作任务 | 全面掌握解决企业经营过程中遇到的多种决策问题的方法 | | | |
| 任务描述 | 为了能够正确决策，管理者需要具备以下能力：<br>1. 掌握企业做出生产决策时安排工人和机器的原则；<br>2. 掌握企业制定价格的原则；<br>3. 掌握企业选择目标市场的原则；<br>4. 掌握企业制定人力资源规划的原则；<br>5. 掌握企业财务管理的原则；<br>6. 了解企业决策中应考虑的宏观因素 | | | |
| 前期准备 | 阅读与决策相关的管理类书籍，了解管理学中对于决策的研究现状 | | | |
| 任务实施 | 1. 阅读并理解任务；<br>2. 进行相关章节的网络学习；<br>3. 理解人力和机器是如何约束生产的，制作相关 Excel 表格进行量化；<br>4. 针对不同时期的企业给出合理的定价策略，并给出几个备选定价策略，进行比较；<br>5. 举例说明不同类型的产品在目标市场受市场占有率、运输费用、需求量预测的影响和区别；<br>6. 制定企业未来几期的人力资源规划，并计算每期相应的费用；<br>7. 掌握企业筹措资金的相应手段；<br>8. 利用 PEST 手段分析平板电脑厂商面对的宏观因素变化 | | | |
| 学习总结与心得 | 1. 决策过程总结；<br>2. 自评的情况；<br>3. 谈一下你对决策问题的思路 | | | |
| 考核与评价 | 按照自评报告进行考核 | | | |
| | 考核成绩 | | | |
| | 教师签名 | | 日期 | |

# 自 评 报 告

学号：＿＿＿＿＿＿＿＿＿    姓名：＿＿＿＿＿＿＿＿    班级：＿＿＿＿＿＿＿＿

| 评分项目 | 要　　求 | 得分 |
|---|---|---|
| 企业生产决策<br>（总分：10分） | 企业做出生产决策时应如何安排工人和机器？ | |
| 产品定价决策<br>（总分：10分） | 产品定价应考虑哪些因素？ | |
| 目标市场选择决策<br>（总分 10分） | 选择目标市场应考虑哪些因素？ | |
| 人力资源规划决策<br>（总分 10分） | 人力资源规划的制定主要包括哪些步骤？ | |
| 财务管理规划<br>（总分 10分） | 财务管理包括哪些主要内容？ | |
| 宏观因素决策<br>（总分 10分） | 通信企业会受到哪些宏观因素的影响？ | |
| 学习总结<br>（总分：40分） | | |

## 3.2 企业经营模拟的一般规则

下面基于决策模拟平台介绍一般规则。在本书第 5 章，我们将以石家庄邮电职业技术学院与河北唐讯信息技术有限公司合作开发的通信企业模拟经营系统（http：//www.busimu-corp.com）为例进行介绍，该平台免费为大家开放。教师可向平台管理者申请赛区管理账号。

企业经营模拟的
基本规则

### 3.2.1 企业经营模拟的基本规则

企业经营模拟应以小组为单位进行，一个小组经营一个企业，可以为企业命名，小组成员在公司运营中有不同的管理角色，如 CEO、生产厂长、营销总监、人力资源总监、财务总监等。企业经营分为若干决策期，一般企业经营模拟实训项目以 10 个决策期为宜。企业经营模拟实训由模拟管理者——教师负责，参加人员要按时完成管理者分配的任务。

一般参加实训的学生组成多个模拟小组，每个小组一般有 5 名成员，代表相同类型、相同规模的企业（也称公司），它们可以生产相同类型的产品，在国内外市场上销售（形成竞争环境）。模拟管理者可以根据情况为参加人员设置不同难度的等级。下面以 5 级 A 情景为例进行介绍。

公司每期（一期为一个季度）做一次决策。每一期的决策都应由公司各方管理者相互合作，共同完成。做决策时，应考虑本公司的现状、历史状况、经营环境以及其他公司的信息，综合运用学过的管理学知识，发挥集体智慧与创造精神，提高企业的竞争力，努力追求成功的目标。

公司做决策时一定要注意决策的可行性。比如，安排生产时要有足够的机时、人力和原材料，各项决策需要现金支持。当决策不可行时，模拟系统会修改公司的决策，直到决策可行。因为这种修改并不遵循优化原则，所以需要尽量避免决策被修改。

公司要在模拟管理者指定的时间之前将决策输入模拟系统，输入完成后一定要点击"提交决策"。在规定时间之前可多次提交，后面提交的决策数据会覆盖之前的记录。如果到时没有提交决策，系统会将该公司上期的可行决策作为本期的决策。

### 3.2.2 市场机制

下面以 5 级 A 情景为例进行介绍。参与企业经营模拟实训的各个公司要按照市场规律运营，在运营中要注意影响商品需求量的相关因素，详见表 3-1。

市场机制

表 3-1 影响商品需求量的因素

| 影响商品需求量的主要因素 | | | | |
|---|---|---|---|---|
| 商品定价 | 广告费、促销费 | 市场份额 | 其他公司决策 | 市场容量 |

从表3-1可以看出，影响需求量的因素有商品定价、广告费和促销费的投入、市场份额以及市场容量等因素。另外，与其他公司比较的相对值也会影响商品需求量。

在条件相同的情况下，其他企业产品定价的高低，将直接影响市场对该企业产品的需求量。产品定价越低，市场对该产品的需求量越大。

企业对产品的广告费投入影响该产品在各个市场上的需求量。广告作用有滞后性。企业在某个市场的促销费投入亦会影响消费者对该企业产品的需求量。促销费包括促销人员费用、推销费用等。

企业的市场份额反映了该企业在这个市场的用户占有率，一般下一期的市场份额，与当前期的市场份额有很大的相关性。

企业的研发费、工人工资会影响产品的等级，等级高的产品可以较高的价格出售。

企业产品的市场需求量与市场容量相关，市场容量越大，市场需求量越大。企业经营模拟实训中，发布的动态消息是对下期的经济环境、社会变革、自然现象等突发事件的预测，这些事件会在一定程度上影响市场容量。但是，预测事件是否真正发生以及将造成多大影响都具有随机性，决策者要有风险意识。

> **重点掌握**
>
> 影响需求量的主要因素有：商品定价、广告费和促销费的投入、市场份额以及市场容量等因素。
>
> 另外，与同一市场中其他公司比较的相对值也会影响商品需求量。

### 3.2.3　产品分销

产品分销是指将工厂生产出来的产品，从生产者向面向消费者的不同的市场转移的过程。

产品分销

例如，在经营模拟实训中，我们通常设置企业生产的产品可以运到3个市场去销售。这就是一个产品分销实例。

经营模拟规则规定：企业本期产品有75%可以运往各个市场。在工厂的全部库存可以100%运往各市场，各个市场之间不转运。

在企业经营模拟实训中，一般假设有3个市场：第1市场和第2市场是国内市场，由于企业的地理位置不同，到两个市场的运费有差异；第3市场是国际市场，各企业到国际市场的运费相同。

企业产品的运输费分为固定运输费和变动运输费。

下面以13个企业为例，具体介绍产品运输费用，详见表3-2和表3-3。

**表 3 - 2 产品运输固定费用(元)**

| 公司 | 产品 A | | | 产品 B | | |
|---|---|---|---|---|---|---|
| | 市场 1 | 市场 2 | 市场 3 | 市场 1 | 市场 2 | 市场 3 |
| 1 | 500 | 2000 | 4000 | 6000 | 10 000 | 12 000 |
| 2 | 2000 | 500 | 4000 | 10 000 | 6000 | 12 000 |
| 3 | 660 | 1840 | 4000 | 6440 | 9560 | 12 000 |
| 4 | 1840 | 660 | 4000 | 9560 | 6440 | 12 000 |
| 5 | 740 | 1760 | 4000 | 6660 | 9340 | 12 000 |
| 6 | 1760 | 740 | 4000 | 9340 | 6660 | 12 000 |
| 7 | 820 | 1680 | 4000 | 6880 | 9120 | 12 000 |
| 8 | 1680 | 820 | 4000 | 9120 | 6880 | 12 000 |
| 9 | 900 | 1600 | 4000 | 7100 | 8900 | 12 000 |
| 10 | 1600 | 900 | 4000 | 8900 | 7100 | 12 000 |
| 11 | 980 | 1520 | 4000 | 7320 | 8680 | 12 000 |
| 12 | 1520 | 980 | 4000 | 8680 | 7320 | 12 000 |
| 13 | 1060 | 1440 | 4000 | 7540 | 8460 | 12 000 |

注意:只要有产品运往市场,就要支付固定运输费用。

**表 3 - 3 产品运输变动费用(元)**

| 公司 | 产品 A | | | 产品 B | | |
|---|---|---|---|---|---|---|
| | 市场 1 | 市场 2 | 市场 3 | 市场 1 | 市场 2 | 市场 3 |
| 1 | 25 | 100 | 200 | 300 | 500 | 600 |
| 2 | 100 | 25 | 200 | 500 | 300 | 600 |
| 3 | 33 | 92 | 200 | 322 | 478 | 600 |
| 4 | 92 | 33 | 200 | 478 | 322 | 600 |
| 5 | 37 | 88 | 200 | 333 | 467 | 600 |
| 6 | 88 | 37 | 200 | 467 | 333 | 600 |
| 7 | 41 | 84 | 200 | 344 | 456 | 600 |
| 8 | 84 | 41 | 200 | 456 | 344 | 600 |
| 9 | 45 | 80 | 200 | 355 | 445 | 600 |
| 10 | 80 | 45 | 200 | 445 | 355 | 600 |
| 11 | 49 | 76 | 200 | 366 | 434 | 600 |
| 12 | 76 | 49 | 200 | 434 | 366 | 600 |
| 13 | 54 | 71 | 200 | 377 | 423 | 600 |

注意:变动运输费用是每个产品的运输费用。

### 3.2.4 库存

库存是仓库中实际储存的货物。一般可分为生产库存、流通库存两类。生产库存是直接消耗物资的企业所存储的物资材料,它是为了保证企业生产所消耗的物资能够不间断地供应而储存的;流通库存是指生产企业的原材料或成品库存,生产部门的产品库存和各级物资主管部门的库存都属于流通库存。

上述库存都占用企业的流动资金,如果库存量过大,流动资金占用量过多,就会影响企业的经济效益;反之,库存量过小,将难以保证生产持续正常进行。因此,库存量必须有适度的定额和合理库存周转量,要进行库存控制。

库存控制即对制造业或者服务业生产经营全过程所需要的各种物品、产成品以及其他资源进行管理和控制,使其库存保持在经济合理水平的。

库存

> **警示**
>
> 如果库存控制得不好,有可能导致库存的过剩或不足。库存不足将产生市场流失、顾客不满率提高、影响生产等现象;而库存过剩则要占用过多的资源,同时产生库存成本增加等现象,无形中增加了产品成本。

库存量增加将会造成下述费用上升和现象:

(1)资金成本。库存资源本身有价值,占用了资金,同时造成机会损失。

(2)仓储费用。要维持库存必须配备设备,建造仓库,另外还有照明、供暖、维护、保管等开支。这些都是维持仓储空间所需的费用。

(3)物品变质和陈旧。存储过程中,物品会发生变质和陈旧情况,如出现生锈、老化等现象。

在企业经营模拟实训中,当期原材料没有用完,存在仓库时,将被当作下期原材料存储在企业的仓库中。每单位原材料的存储费为每期0.05元。

企业生产出来的产品成品,可存于工厂的仓库或各市场的仓库,单位成品每期库存费为:

产品A: 20.00元;

产品B: 80.00元。

库存费在每期期末支付,库存量按期初和期末的平均数计算。

**【例3-2】** 企业产品A本期初库存为40,本期末库存为60,原材料期初库存为600,期末库存为400个。企业产成品和原材料库存费用分别是多少?

**解** 产品A的产成品库存费用 $= 20 \times \dfrac{40+60}{2} = 1000$(元)

$$原材料库存费用 = 0.05 \times \frac{400+600}{2} = 25 (元)$$

### 3.2.5 预订

在经营模拟系统中,有时候公司供应的产品在某市场会产生供不应求的现象,这时就产生了用户提前预订下期产品的情况。

预订

> **探讨**
>
> 当公司提供的产品供不应求时,多余的需求量是否都转换为下期订货量?

在企业经营模拟系统中,某企业没有满足的订单会按照规定比例转换为下期对该企业的需求量。

当公司提供的产品供不应求时,多余的需求按比例变为下期订货。产品 A 在市场 1 和市场 2 按照 50% 的比例转换为下期订货,产品 A 在市场 3 按照 20% 的比例转换为下期订货;产品 B 在市场 1 和市场 2 按照 40% 的比例转换为下期订货,产品 B 在市场 3 按照 20% 的比例转换为下期订货。该公司不能满足的需求,除了转为下期订货,其余的可能变为对其他公司的需求。若需求在下期仍得不到满足,则剩余的需求将不再转为下下期的订货。

【例 3-3】 某公司在第 3 市场投入产品 A 50 件,但是,市场 3 对该公司产品 A 的需求量为 100 件,请问该公司下期产生的订单是多少?

**解** 市场 3 产生的下期预订量为

$$20\% \times (100 - 50) = 10(个)$$

【例 3-4】 企业产品 A 在第 1 市场的运输量为 100,产品 A 在第 1 市场的期初库存为 20,市场 1 对公司的需求量为 100,请问在市场 1,对产品 A 的下期预订数是多少?

**解** 在市场 1,产生的对产品 A 的下期预订数为

$$50\% \times (100 + 20 - 100) = 10(个)$$

### 3.2.6 生产作业

生产作业

在企业经营模拟实训中,我们一般假设企业生产的产品是耐用消费品,企业生产的几种产品属于不同的类型,比如配线架、交接箱、分线盒等。

模拟模型假设几种产品共用机器、人力和原材料资源。具体生产产品所需资源及时间安排如表 3-4 和表 3-5 所示。

表 3-4 生产单个产品所需要的资源

|  | 产品 A | 产品 B |
|---|---|---|
| 机器(时) | 100 | 200 |
| 人力(时) | 150 | 250 |
| 原材料(单位) | 300 | 1 500 |

表 3-5 班次

| 第一班正班 | 6:00~14:00 | 第一班加班 | 14:00~18:00 |
|---|---|---|---|
| 第二班正班 | 14:00~22:00 | 第二班加班 | 22:00~2:00 |

一期正常班为 520 小时(一季度 13 周,每周 40 小时),加班为 260 小时。

【例 3 - 5】　假设有机器 100 台，人数 150 人，请问本期最多能生产多少产品 A?

**解**　(1) 如果考虑生产安排在第一班正常班的情况下，则产品 A 的生产量可以按照人数和机器数分别计算出最大生产量，然后再取其中较小的生产量为可行的最大生产量。

根据人力资源情况，计算产品 A 最大生产数量为

$$520\ \text{工时} \times \frac{150\ \text{人}}{150\ \text{人时}} = 520\ (\text{个})$$

根据机器资源情况，计算产品 A 最大生产量为

$$520\ \text{工时} \times \frac{100\ \text{台}}{100\ \text{机时}} = 520\ (\text{个})$$

因此，如果只考虑正常班生产，则机器 100 台、人数 150 人能生产产品 A 的最大数量为 520 个。

(2) 如果考虑安排一班加班的情况，则根据人力资源情况，计算产品 A 最大生产数量为

$$260\ \text{工时} \times \frac{150\ \text{人}}{150\ \text{人时}} = 260\ (\text{个})$$

根据机器资源情况，计算产品 A 最大生产量为

$$260\ \text{工时} \times \frac{100\ \text{台}}{100\ \text{机时}} = 260\ (\text{个})$$

因此，如果只考虑一班加班生产，则机器 100 台、人数 150 人能生产产品 A 的最大数量为 260 个。

综上所述，本期生产的最大数量为 520＋260＝780 个。

【例 3 - 6】　假设有机器 100 台、人数 150 人，请问本期最大能生产多少产品 B?

**解**　(1) 如果考虑生产安排在第一班正常班的情况下，则产品 B 的生产量可以分别按照人数和机器数计算出最大生产量，然后再取其中较小的生产量为可行的最大生产量。

根据人力资源情况，计算产品 B 最大生产数量为

$$520\ \text{工时} \times \frac{150\ \text{人}}{250\ \text{人时}} = 312\ (\text{个})$$

根据机器资源情况，计算产品 B 最大生产量为

$$520\ \text{工时} \times \frac{100\ \text{台}}{200\ \text{机时}} = 260\ (\text{个})$$

因此，如果只考虑正常班生产，则机器 100 台、人数 150 人能生产产品 B 的最大数量为 260 个。

(2) 如果考虑安排一班加班的情况，则根据人力资源情况，计算产品 B 最大生产数量为

$$260\ \text{工时} \times \frac{150\ \text{人}}{250\ \text{人时}} = 156\ (\text{个})$$

根据机器资源情况，计算产品 B 最大生产量为

$$260\ \text{工时} \times \frac{100\ \text{台}}{200\ \text{机时}} = 130\ (\text{个})$$

机器使用规则

因此，如果只考虑一班加班生产，则机器100台、人数150人能生产产品B的最大数量为130个。

综上所述，本期生产的最大数量为260＋130＝390个。

### 3.2.7 机器使用规则

在企业经营模拟实训中，工人可以分两班工作，机器也可以分两班使用，但由于第一班加班时间和第二班正班时间重叠，所以第一班加班和第二班正班用的机器总数不能超过公司本期可使用机器总数。

> **警示**
>
> 第一班加班和第二班正常班用的机器总数不能多于公司机器总数。
>
> 不管机器使用与否，每期都计提折旧费。
>
> 本期购置的机器，本期与下期都不能使用。

第一班加班用的机器在完工后的四小时也不能用于第二班正常班。

每台机器价格为40 000元，折旧期为5年，每期（季度）折旧费为5％，不管使用与否。机器价格及折旧费具体费率见表3-6。

**表3-6 机器价格及折旧费**

| 机器价格 | 40 000元 |
|---|---|
| 折旧费（每期） | 5％ |

购买机器需要在本期末付款，下期运输安装，再一期才能使用，使用时才计算折旧。

**【例3-7】** 如果现有机器100台，本期购买的机器数为10台，请列表写出近三期的机器折旧费。

**解** 具体如表3-7所示。

**表3-7 例3-7的解**

| 期数 | 可使用的机器总价/元 | 折旧费/元 |
|---|---|---|
| 本期 | 40 000×100＝4 000 000 | 4 000 000×5％＝20 000 |
| 下期 | 40 000×100＝4 000 000 | 4 000 000×5％＝20 000 |
| 下下期 | 40 000×（100＋10）＝4 400 000 | 4 400 000×5％＝22 000 |

### 3.2.8 材料订购

在企业经营模拟中，为了方便计算，一般我们会假定企业生产用的材料相同，单位材料定价为1元钱。

#### 1. 原材料价格

原材料的标价为1元，但可以根据订货的多少得到批量价格优惠。优惠价格见表3-8。

材料订购

表 3 – 8　原材料进价优惠

| 定购量 | 单价 |
|---|---|
| ＞0 | 1.00 |
| ≥1 000 000 | 0.96 |
| ≥1 500 000 | 0.92 |
| 2 000 000 | 0.88 |

### 2. 原材料运输费用

原材料的运输费用分为固定费用(按是否订货)和变动费用(按订货量)。

原材料的固定运输费为 5000 元,变动运输费为 0.02 元。

原材料的运费算作本期的成本,批量优惠算作本期收入。

### 3. 原材料运输时间

由于运输的原因,本期决策订购的原材料至多有 50％ 可以用于本期生产。

【例 3 – 8】　如果本期材料缺口为 8 000 000,请问:要维持正常生产,企业应该购买多少原材料? 需要花费多少? 运输费是多少? 折合单位材料的运输费是多少?

**解**　　　　购买原材料的数量＝8000000×2＝16000000

购买原材料的花费＝16000000×0.92＝14720000(元)

运输费＝固定运输费＋变动运输费＝5000＋16000000×0.02＝325000(元)

单位材料的运输费＝$\dfrac{325000\ 元}{16000000}$＝0.0203125(元)

## 3.2.9　管理成本及研发

### 1. 管理成本

公司每期的管理成本与生产的产品和班次有关。

第一班生产产品 A,费用为 4000 元;第二班生产产品 A,费用为 5000 元。

第一班生产产品 B,费用为 6000 元;第二班生产产品 B,费用为 7000 元。

> **归纳思考**
>
> 生产量越大,分摊在每个产品上的管理成本就越小。
>
> 管理成本与班次有关,第二班比第一班管理成本大,产品 B 比产品 A 管理成本大。

如果安排了多个班次,那么相应班次将发生管理成本,总的管理成本应为相关班次管理成本相加。

【例 3 – 9】　已知,某期企业产品 A 的生产决策为

| 班次 | 第一班正常班 | 第一班加班 | 第二班正常班 | 第二班加班 |
|---|---|---|---|---|
| 生产量 | 100 | 50 | 40 | 10 |

管理成本及研发

请计算分摊到每个产品 A 上的管理成本。

**解** 首先根据每班的管理成本计算出总的管理成本:

$$4000+5000=9000(元)$$

然后,根据生产安排,计算各班的生产量:

$$100+50+40+10=200(个)$$

分摊到每个产品 A 上的管理成本为

$$\frac{9000}{200}=45(元)$$

### 2. 维修费

机器的维修费按机器台数计算,每台机器的维修费为 200 元。无论本期中机器是否使用都将产生 200 元的维修费用。

### 3. 产品研发

在企业经营模拟实训中,企业生产某种产品前需投入相应的研发费用。投入的研发费用包括为生产该新产品需要的专利投入、设施的购置和技术的培训等。

如果企业以前对某产品的研发投入已经达到了 1 级,即使不再投入,以后还可以继续本等级产品的生产。

企业如果要生产新产品,只要本期投入达到 1 级研发等级要求,就可以生产。

为了提高该产品的等级,企业还可以进一步投入研发费。它包括为提高产品质量的技术革新和生产工艺的改进等。若产品等级高,则可以增加客户的需求量。在计算成本时,将本期的研发费用平均分摊在本期和下一期。

以下是各种产品达到不同等级需要的累积研发费用。要升级,只要投入其差值就可以。研发费用和产品等级的关系详见表 3-9,单位为元。

**表 3-9　研发费用和产品等级的关系**

| 产品 | 等级 1 | 等级 2 | 等级 3 | 等级 4 | 等级 5 |
|------|--------|--------|--------|--------|--------|
| 产品 A | 100 000 | 200 000 | 300 000 | 400 000 | 500 000 |
| 产品 B | 200 000 | 350 000 | 480 000 | 600 000 | 700 000 |

说明:

(1) 工人工资系数对产品等级的影响是在研发费用基础上的进一步调整。比如,研发费决定的产品等级为 3,考虑工资系数后,产品等级调节后的区间为 (3.0,3.9)。

(2) 考虑研发费的产品等级的提高要循序渐进,每期最多提高一级。

(3) 若投入的研发费不足以提升一级,则产品等级不能提高;若以后补足差额,则已投入的研发费仍可发挥作用。

**归纳思考**

（1）管理成本：管理成本与生产的产品和班次有关。

（2）维修费：机器的维修费按机器台数计算。

（3）产品研发：研发成本与研发投入和工资系数有关。

人力资源

## 3.2.10  人力资源

### 1. 新工人招聘与培训

企业可以在每期期初招聘工人，但招收人数不得超过当期期初工人总数的 50%。

本期决策招收的新工人在本期为培训期。每个新工人的培训费为 500 元。培训期间新工人的作用和工资相当于正式工人的 25%。经过一期培训后，新工人成为熟练工人。

**警示**

企业每期招聘工人人数不得超过当期期初工人总数的 50%。

新工人的作用和工资相当于正式工人的 25%。

### 2. 工人退休或解聘

企业每期有 3% 的工人正常退休。企业决策时，可以根据情况解聘工人。决策单中的解聘工人数是退休和解聘人数之和。根据政府规定，退休和解聘人数之和不能多于期初工人人数的 10%。

本期退休或解聘的工人不再参加本期的工作，企业要发给退休和解聘的工人每人一次性生活安置费 1 000 元。

【例 3-10】  本期生产需要 230 人，而本期期初企业员工总数为 200 人，不考虑退休自然减员等因素，本期需要招收多少新员工？企业的新员工培训费为多少？

**解**        本期需招收的新员工数 $=\dfrac{230-200}{25\%}=120$（人）

本期新员工培训费 $=120$ 人 $\times 500=60\,000$（元）

### 3. 员工待遇

在企业经营模拟实训中，工人每小时基本工资如下：

第一班正班：3.0 元；   第一班加班：4.50 元

第二班正班：4.0 元；   第二班加班：6.0 元

每个工人只能上一种班，加班人数不能多于本班正班人数。未值班的工人按第一班正班付工资。

【例 3-11】  企业第一班正班生产安排需要 1 000 人时，第一班加班需要 500 人时，第二班正班需要 200 人时，第二班加班需要 40 人时。该企业有员工100 人，那么，该企业总的工时费用是多少？

**解**　$第一班正常班需要的人数=\dfrac{1000}{520}(取整)=2(人)$

$$第一班加班需要的人数=\dfrac{500}{260}(取整)=2(人)$$

$$第二班正常班需要的人数=\dfrac{200}{520}(取整)=1(人)$$

$$第二班加班需要的人数=\dfrac{40}{260}(取整)=1(人)$$

$$该企业生产需要的人数=2+1=3(人)$$

支付工资$=100×520×3+500×4.5+200×4+40×6=159\ 290(元)$

思考题：如果遇到企业人员剩余很多的情况，那么可以采用哪些方案？

> **归纳思考**
>
> 解决人员过剩的方法有：
>
> (1) 企业裁员。
>
> (2) 只安排第一班正班生产。
>
> (3) 扩大生产量。

#### 4. 员工激励

以上的小时基本工资是本行业的基本工资，也是各企业确定工资的最低线。

企业可以用提高工资系数的办法激励员工。设对应基本工资的工资系数为1，若工资系数为1.2，则实际工资为基本工资乘以1.2。提高工资系数有助于提高企业的产品质量，减少废品率，也可以提高产品的级别。当然，提高工资系数会增加成本。

废品会浪费企业的资源、运费，还会因为顾客退换产品造成折价40%的经济损失。

### 3.2.11　资金筹措

资金筹措

#### 1. 银行贷款

实训开始时各公司有现金2 000 000元。为了保证公司的运营，每期期末公司至少应有2 000 000元现金。若达不到此低限，在该公司信用额度的范围内，银行将自动给予贷款补足。企业也可以在决策时向银行提出贷款。但是，整个模拟期间贷款的总数不得超过8 000 000元的信用总额。比如，若使用了100万元银行贷款，即使期末已经偿还，银行信用额度也要减少100万元。银行贷款的本利在本期末偿还，年利率为8.0%（每期的利率为年利率的1/4）。

#### 2. 国债

企业若有富余现金，可以购买国债。若购买国债，在本期末付款，本利在下期末兑现。国债年利率为 6%。

### 3. 发行企业债券

企业为了筹集发展资金或应付财政困难，可以发行债券。当期发行的债券可以在期初得到现金。公司某期发行的债券数额与尚未归还的债券之和不得超过公司该期初净资产的 50%。

各期要按 5% 的比例偿还债券的本金，并付利息。债券的年利率为 12%。公司模拟开始几期，可能已经发行了债券。未偿还的债券总量可在公司信息里查看。

本期发行的债券本利的偿还从下一期开始。债券不能提前偿付或拖延。

【例 3 - 12】 已知某企业通过银行贷款和发行债券两种方法筹集资产，具体方案如下：

银行贷款：100 万；发行债券：100 万

请问：下期需要归还的本息是多少？

**解** 下期末归还的银行贷款本息＝100＋100×2%＝102(万元)

下期末归还的企业债券本息＝100×5%＋100×3%＝8(万元)

> **归纳思考**
>
> 银行贷款和发放企业债券是资金筹措的两种方法：
>
> 银行贷款信用额度为 800 万元，企业债券发行总额不得超过公司该期初净资产的 50%。
>
> 企业有富余资金时，可以购买国债。

## 3.2.12 纳税与分红

### 1. 税务

公司缴税是公司对国家应尽的义务，也是评价公司经营绩效的一项重要指标。税收是国家公共财政最主要的收入形式和来源。税收的本质是国家为满足社会公共需求，凭借公共权力，按照法律规定的标准和程序，进行国民收入的分配，强制取得财政收入所形成的一种特殊分配关系。

税金为本期净收益的 30%，在本期末缴纳。

本期净收益为负值时，可按该亏损额的 30% 在下一期(或以后几期)减税，称此为纳税信用。

纳税与分红

### 2. 分红的条件

(1) 应优先保证期末剩余的现金数量超过 2 000 000 元。

(2) 分红数量不能超过公司该期末的税后利润。

注意：考虑到资金的时效性，公司累计缴税和累计分红按 7% 的年息计算。例如，第 9 期分红 10 万元比第 13 期分红 10 万元对股东来说更有价值，在计算累计分红时，前者要比后者多，多出的部分是以上所说的"利息"。但是，这里并没有实际的货币支付。

现金收支次序

### 3.2.13 现金收支次序

现金收支次序如下：期初现金→＋银行贷款→＋发行债券→－部分债券本金→－债券息→－培训费→－退休费→－基本工资(工人至少得到第一班正班的工资)→－机器维护费→＋紧急救援贷款→－研发费→－购原材料→－特殊班工资(第二班差额及加班)→－管理费→－运输费→－广告费→－促销费→＋销售收入→－存储费→＋上期国债本息→－本期银行贷款本息→－上期紧急救援贷款本息→－税金→－买机器→－分红→－买国债。

> **警示**
>
> 当资金不足时，将按以上次序支出，并修改决策。如果现金不够支付机器维护费以前的项目，会得到紧急救援贷款。此贷款年利率为 40%，本息需在下期末偿还。

【例3－13】 已知某企业有员工 200 人，只生产产品 A，具体的生产安排如下：

一班正班生产量：100； 一班加班生产量：50

二班正班生产量：40； 二班加班生产量：20

请问该企业的基本工资、特殊班工资和管理费各为多少？

**解** 基本工资＝200×520×3＝312 000(元)

特殊班工资＝第二班工资差额＋第一班加班工资＋第二班加班工资

$\qquad$ ＝40×150×1＋50×150×4.5＋20×150×6

$\qquad$ ＝57 750(元)

管理费＝第一班的管理费＋第二班的管理费

$\qquad$ ＝4 000＋5 000

$\qquad$ ＝9 000(元)

评判标准

### 3.2.14 评判标准

每期模拟结束后，软件根据各企业的经营业绩评定一个综合成绩。评判的标准包含七项指标：本期利润、市场份额、累计分红、累计缴税、净资产、人均利润率、资本利润率。其中，计算人均利润率的人数包括本期解聘的和本期新雇的工人，计算资本利润率的资本等于净资产加未偿还的债券。

评定的方法是先按这些指标分别计算标准分，再按设定的权重计算出综合评分。

各项指标的权重分别为：0.2、0.15、0.1、0.1、0.2、0.1、0.15。其中，市场份额是按各个产品在各个市场的销售数量的占有率，分别计算标准分后，再求平均的。

标准分的算法是先求全部公司某指标的均值和标准差，用企业的指标减去均值，再除以该指标的标准差。标准分为 0 意味着企业的这一指标等于各企业的均值；标准分为正，表示该指标较好；为负，表示该指标不佳。

在计算标准分时，会考虑上期综合评分的影响，也会根据企业的发展潜力进行调整。若期末所留现金少于本期期初现金或规则中规定的现金底限，意味着经营连续性不佳，标准分将适当下调。

　　企业经营模拟软件将公布各企业七项指标各自的名次与综合评分。模拟结束后，除了综合评分领先的企业可以总结交流经验，其他企业也可以就某个成功的单项指标进行总结。

## 3.2.15　学习工单和自评报告

### 学 习 工 单

| 班级 | | 组别 | |
|---|---|---|---|
| 组员 | | 指导教师 | |
| 学习单元 | 企业经营模拟的一般规则 | | |
| 工作任务 | 掌握企业经营模拟的基本规则 | | |
| 任务描述 | 阅读并掌握模拟规则，能够在规则框架下分析问题 | | |
| 前期准备 | 登录相关网站查看规则介绍 | | |
| 任务实施 | 1. 阅读并理解任务；<br>2. 班级同学进行分组，小组成员确定不同角色；<br>3. 了解市场运营机制；<br>4. 查找本公司产品的固定运输费用和变动运输费用；<br>5. 计算本期企业的库存费用；<br>6. 记住如果产品供不应求，本期需求量变为下期预订量的转化率；<br>7. 制作 Excel 表，计算企业在当前状况下只生产产品 A 的最大产量；<br>8. 计算企业当期的机器折旧费和维修费；<br>9. 考虑当前企业现有原材料库存，计算为满足 7 所需要订购的原材料数量；<br>10. 计算 7 中每件产品分摊的单位管理费用；<br>11. 判断企业当前是否有雇佣员工的需求，并计算本期人力资源的支出；<br>12. 比较银行贷款和发放企业债券两种方式的优劣；<br>13. 计算上期企业应缴税款，制定企业未来几期分红计划；<br>14. 根据现金收支次序计算并预测下期企业现金结余；<br>15. 熟记评判标准的七项指标及占比 | | |
| 学习总结与心得 | 1. 企业经营模拟一般规则总结；<br>2. 自评的情况 | | |
| 考核与评价 | 按照自评报告进行考核 | | |
| | 考核成绩 | | |
| | 教师签名 | 日期 | |

# 自 评 报 告

学号：_____          姓名：_____          班级：_____

| 评分项目 | 要　　求 | 得分 |
|---|---|---|
| 企业经营模拟的基本规则（总分：5分） | 企业中包括哪些管理角色？ | |
| 市场机制（总分：5分） | 商品需求量的影响因素有哪些？ | |
| 产品分销（总分：5分） | 企业产品的运输费一般由哪些费用组成？ | |
| 库存（总分：5分） | 如何确定合适的库存量？ | |
| 预订（总分：5分） | 某企业没有满足的订单，如何处理？ | |
| 生产作业（总分：5分） | 如何确定在现有机器工人情况下企业的最大生产量？ | |
| 机器使用规则（总分：5分） | 为什么第一班加班和第二班正班用的机器总数不能多于公司机器总数？ | |
| 材料订购（总分：5分） | 如果本期生产需要100万的原材料，那么本期需要订购多少原材料？为什么？ | |
| 管理成本及研发（总分：5分） | 如果产品A的累计研发费用达到25万，那么产品A的等级达到几级？ | |

续表

| 评分项目 | 要　　求 | 得分 |
|---|---|---|
| 人力资源<br>（总分：5分） | 　　如果企业有150人，其中50人安排第二班正班生产，其余人没有安排工作，那么本期应付工资是多少？ | |
| 资金筹措<br>（总分：5分） | 　　如果企业生产需要筹措资金，那么可选择的方法有哪些？应采用什么样的顺序进行筹措？ | |
| 纳税与分红<br>（总分：5分） | 分红要满足哪些条件？ | |
| 现金收支次序<br>（总分：5分） | 　　如果一个企业生产了很多产品，也安排了运输计划，但产品没有被运输到市场上销售，请问有哪些可能原因？ | |
| 评判标准<br>（总分：5分） | 评判标准包括哪几项？ | |
| 学习总结<br>（总分：30分） | | |

## 3.3　小结

　　企业经营模拟是将企业经营的理论与实践与计算机模拟沙盘技术融合在一起，综合运用现代企业管理、财务信息管理、市场营销等理论知识的一种体验式教学方法。

　　企业经营模拟要遵循一些基本规则。企业经营模拟过程应以小组为单位进行，每个小组经营一个公司，每个小组成员在运营中有不同的管理角色，包括CEO、生产厂长、营销总监、人力资源总监、财务总监等。

　　影响需求量的主要因素有：商品定价、广告费和促销费的投入、市场份额以及市场容量等。

　　产品分销是指将工厂生产出来的产品，从生产者向面向消费者的不同的市场转移的过程。

　　库存控制得不好，会导致库存的过剩或不足。库存不足将产生市场流失；库存过剩则要占用过多的资源，产生库存成本增加等现象。

　　在企业经营模拟系统中，没有满足的订单会按照规定比例转换为下期的订货。

　　机器也可以两班使用，但由于第一班加班时间和第二班正班时间重叠，所以两班使用的机器总数不能超过可以使用的机器总数。

　　原材料的标价为1元，可以根据订货的多少得到批量价格优惠。

　　企业每期招聘工人数不得超过当期期初工人总数的50%。新工人的作用和工资相当于正式工人的25%。

　　资金筹措方式：银行贷款和发行债券。

　　税金为本期净收益的30%，在本期末缴纳。

第3章练习题

　　资金收支次序是：期初现金→＋银行贷款→＋发行债券→－部分债券本金→－债券息→－培训费→－退休费→－基本工资→－机器维护费→＋紧急救援贷款→－研发费→－购原材料→－特殊班工资→－管理费→－运输费→－广告费→－促销费→＋销售收入→－存储费→＋上期国债本息→－本期银行贷款本息→－上期紧急救援贷款本息→－税金→－买机器→－分红→－买国债。

　　评判的标准包含七项指标：本期利润、市场份额、累计分红、累计缴税、净资产、人均利润率、资本利润率。

# 第 4 章

# 网上竞赛实战

本章结合前面介绍的理论与方法，借助于决策模拟系统平台介绍网上竞赛实战。实战一共分为 8 个任务，每项任务都有要求，具体内容、重点难点详见各节。

## 4.1 任务一：理解竞赛规则

**本节重点**

· 查看公司内外部信息的方法；

· 经营决策的有关事项；

· 公司的各个角色及相关责任；

· 竞争规则的理解。

**本节难点**

· 企业决策各个事项的内部关系；

· 竞争规则的理解。

**课程思政**

· 在团队组建的过程中，引导学生树立团队合作意识；

· 在规则的讲解过程中，实施渗透教学，注重贴近实际、贴近生活、贴近学生，向社会环境、心理环境和网络环境等方向渗透。

**本节学时数** 8 学时

**本节学习目的或要求**

· 根据相关要求，组成竞赛小组；

· 集中学习竞赛规则，通过答题加深了解；

· 制定第一次决策，了解制定当前决策须填写的内容，并思考通过查看哪些信息帮助制定决策。

任务一

### 4.1.1　任务要求

（1）在一个小时的时间内，阅读和学习网站上的竞赛规则。网址为 http://www.busimu-corp.com。

说明：为了大家能够免费使用，设置了免费赛区 test，密码为 123456。请各位开课教师利用 test 账号登录，开始竞赛。

（2）以小组为单位回答问题，计入本组分数。

（3）要求首先以组为单位组建公司，形成团队，每个团队以 5 人左右为宜。一个团队经营一个企业，成员之间分工协作。要根据情况确定每个团队成员的工作角色，企业管理角色包括：CEO、财务经理、营销经理、人力资源经理、生产经理。

（4）给本团队经营的公司起名，设置密码。报名时，应明确公司名称、公司密码、联系方式、团队分工等。示例如图 4-1 所示。

| 报名者的公司名称：燎原公司 |
|---|
| 报名者的公司密码：liaoyuan0919 |
| 报名者的联系方式：15532485695 |
| 报名者的备注信息：CEO，人力资源经理：车愉　市场经理：赵泽欣　财务经理：佟欣　生产经理：高盛楠 |

图 4-1　基本的团队信息

（5）明确实战考核方案。

实战考核方案可以根据实际情况自行确定，也可以参考表 4-1 所示的实战考核方案。

表 4-1　实战考核方案

| 序号 | 考核项目 | 分值（不含加分） | 备　注 |
|---|---|---|---|
| 1 | 出勤 | 10 | 缺勤一次减 1 分 |
| 2 | 任务一 | 2 | 根据回答问题情况给分 |
| 3 | 任务二 | 4 | 根据小组完成情况给分 |
| 4 | 任务三 | 4 | 根据小组完成情况给分 |
| 5 | 任务四 | 4 | 根据小组完成情况给分 |
| 6 | 任务五 | 4 | 根据小组完成情况给分 |
| 7 | 任务六 | 4 | 根据小组完成情况给分 |
| 8 | 任务七 | 4 | 根据小组完成情况给分 |
| 9 | 任务八 | 6 | 总结成绩＋汇报成绩 |
| 10 | 组内互评 | 4 | 组内成员根据表现互相打分 |
| 11 | 个人课堂表现分 | 4 | 根据课堂表现情况给分 |
| 12 | 团队竞争决策排名分 | 50 | 第一名 50 分，第二名 49 分，以此类推 |
| 13 | 总分 | 100 | |

## 4.1.2　竞赛规则的理解与思考

> **警示**
> 企业决策一定要注意不要超出企业可使用的资源总量。

请结合网上平台竞赛相关规则，思考并回答下列问题：

（1）市场份额与哪些因素有关？要提高市场份额，有哪些办法？

（2）本期产品的多少比例可以运往各市场，上期工厂的全部库存是否可以运往各市场？如果本期生产产品 A 100 件，上期工厂库存为 230 件，则可运往市场的产品有多少？

（3）当前竞赛中，有几个市场？你如何决策运往各市场的运量？应考虑哪些因素？

（4）生产单位产品 A 的人时是 150 小时、机时是 100 小时，如果不考虑机器数量限制，如何才能达到生产量最大化？

（5）当市场 1 对你公司的产品需求多于公司在该市场的库存加本期运去的总量时，多余的需求按多少比例变为下期的订货？若已知你公司运往市场 1 的产品 A 数量为 200 件，产品 A 在市场 1 的库存为 230 件，本期市场 1 对你公司产品 A 的需求量为 500 件，则有多少未满足需求变成下期订货？

（6）已知一个决策期为一季度，每季度按 13 周计算，每周工作 40 小时，则每一期正班工时为多少小时？每一期的加班工时为多少小时？

（7）查看你公司信息，回答在各个市场的固定运费和变动运费是多少？假设：你公司运往市场 1 的产品 A 数量为 100 件，则你公司在市场 1 的总运输费用是多少？分摊到单位产品的运费是多少？如果产品 A 的运量变为 200 件，试比较单位运费的变化。

（8）购买机器需要在本期末付款，下期运输安装，再一期才能使用，使用时才计算折旧，对吗？如果你公司购买了 40 台设备，则每期折旧费为多少？维修费为多少？

（9）产品达到不同等级需要投入不同的累积研发费用，如果你公司在产品 A 上的累积研发投入为 550 000 元，则你公司的产品等级为多少？产品等级提高的好处有哪些？

（10）企业可以在每期期初招聘工人，但招收人数不得超过当期期初工人总数的百分之多少？如果你公司原有 100 人，则本期最多招聘工人人数为多少？

（11）新工人的作用和工资相当于正式工人的百分之多少？如果你公司缺 10 人，则需要招聘多少工人才能满足生产需求？

（12）你公司现有 100 名员工，那么本期至少退休多少人？

（13）剩余原材料可存在企业的仓库，如果你公司原材料库存为 1 000，则原材料库存费为多少？未销售出去的成品也可存于工厂的仓库或各市场的仓库，发生的库存费用与成品库存量有关，如果产品 A 的库存为 100 件，产品 B 的库存为 230 件，则本期发生的库存费是多少？

（14）已知第 12 个企业在第 10 期所做的决策为

**原始决策**

| 价格 | 市场 1 | 市场 2 | 市场 3 | 广告（k 元） |
|---|---|---|---|---|
| 产品 A | 2298 | 2188 | 3000 | 15 |
| 产品 B | 4600 | 4650 | 5000 | 15 |
| 促销费（k 元） | 5 | 10 | 0 | |

| 向市场供货量 | 市场 1 | 市场 2 | 市场 3 |
|---|---|---|---|
| 产品 A | 200 | 304 | 0 |
| 产品 B | 200 | 160 | 106 |

| 生产安排 | 第一班 | | 第二班 | | 研究开发 |
|---|---|---|---|---|---|
| （产品数量） | 正班 | 加班 | 正班 | 加班 | 费用（k 元） |
| 产品 A | 250 | 100 | 210 | 0 | 0 |
| 产品 B | 110 | 50 | 130 | 0 | 0 |

| 发展 | 新雇人数 | 辞退人数 | 买机器 | 买原材料（k 单位） |
|---|---|---|---|---|
| | 5 | 0 | 0 | 1300 |

| 财务 | 银行贷款 | 发债券 | 买国债 | 分红 | 工资系数（%） |
|---|---|---|---|---|---|
| （k 元） | 0 | 0 | 0 | 0 | 100 |

注：k 代表以 1 000 为单位。

经计算机检验发现为不可行决策，进而机器改动了决策，执行了下列可行决策：

**系统修改后的可行决策**

| 价格 | 市场 1 | 市场 2 | 市场 3 | 广告（k 元） |
|---|---|---|---|---|
| 产品 A | 2298 | 2188 | 3000 | 0 |
| 产品 B | 4600 | 4650 | 5000 | 0 |
| 促销费（k 元） | 0 | 0 | 0 | |

| 向市场供货量 | 市场 1 | 市场 2 | 市场 3 |
|---|---|---|---|
| 产品 A | 0 | 304 | 0 |
| 产品 B | 0 | 0 | 0 |

| 生产安排 | 第一班 | | 第二班 | | 研究开发 |
|---|---|---|---|---|---|
| （产品数量） | 正班 | 加班 | 正班 | 加班 | 费用（k 元） |
| 产品 A | 250 | 100 | 208 | 0 | 0 |
| 产品 B | 110 | 50 | 129 | 0 | 0 |

| 发展 | 新雇人数 | 辞退人数 | 买机器 | 买原材料（k 单位） |
|---|---|---|---|---|
| | 5 | 7 | 0 | 1300 |

| 财务 | 银行贷款 | 发债券 | 买国债 | 分红 | 工资系数（%） |
|---|---|---|---|---|---|
| （k 元） | 2989 | 0 | 0 | 0 | 100 |

从上述可行决策可以看出，哪些决策内容发生了变动？

具体查看该企业第10期的财务数据项目，如下：

第12个企业第10期末内部信息

| 第10期会计项目 | 收支 | | 本期收入 | 本期成本 | 现金累计 |
|---|---|---|---|---|---|
| 上期转来 | | | | | −989 118 |
| 银行贷款 | + | 2 989 118 | | | 2 000 000 |
| 还债券本金 | − | 50 000 | | | 1 950 000 |
| 还债券利息 | − | 16 500 | | 16 500 | 1 933 500 |
| 新工人培训费 | − | 2500 | | 19 000 | 1 931 000 |
| 解雇工人安置费 | − | 7000 | | 26 000 | 1 924 000 |
| 工人基本工资 | − | 385 710 | | 411 710 | 1 538 290 |
| 机器维修费 | − | 33 800 | | 445 510 | 1 504 490 |
| 购原材料 | − | 1 300 000 | | | 204 490 |
| 购原材料优惠 | + | 52 000 | 52 000 | | 256 490 |
| 购材料运费 | − | 31 000 | | 476 510 | 225 490 |
| 特殊班工资 | − | 187 200 | | 663 710 | 38 290 |
| 管理费 | − | 22 000 | | 685 710 | 16 290 |
| 使用材料费 | | 600 900 | | 1 286 610 | |
| 成品运输费 | − | 15 876 | | 1 302 486 | 414 |
| 广告费 | − | 414 | | 1 302 900 | 0 |
| 促销费 | − | 0 | | 1 302 900 | 0 |
| 销售收入 | + | 632 332 | 684 332 | | 632 332 |
| 废品损失 | − | 13 128 | | 1 316 028 | 619 204 |
| 折旧费 | | 338 000 | | 1 654 028 | |
| 产品库存变化 | − | 1 160 750 | | 493 278 | |
| 原材料存储费 | − | 138 958 | | 632 236 | 480 246 |
| 成品存储费 | − | 42 900 | | 675 136 | 437 346 |
| 付银行贷款 | − | 2 989 118 | | | −2 551 772 |
| 付银行利息 | − | 59 782 | | 734 918 | −2 611 554 |

试分析生产出的产品在有些市场无法运输出去的原因。

(15) 第 12 个企业的第 1 期企业状况如下：

第 1 期末企业的状况 （数值及名次）

| | | | |
|---|---|---|---|
| 工人数 | = | 150 | 1 |
| 机器数 | = | 100 | 1 |
| 原材料 | = | 592 000 | 1 |
| 现金 | = | 2 524 218 | 1 |
| 累积折旧 | = | 200 000 | 1 |
| 银行信用额度 | = | 8 000 000 | 1 |
| 国债 | = | 0 | 1 |
| 债券 | = | 950 000 | 1 |
| 累计研发费 | = | 300 000 | 1 |
| 本期利润 | = | 166 025 | 1 |
| 本期交税 | = | 49 808 | 1 |
| 累计交税 | = | 49 808 | 1 |
| 交税信用 | = | 0 | 1 |
| 累计分红 | = | 0 | 1 |
| 净资产 | = | 6 380 640 | 1 |
| 人均利润率 | = | 1071.13 | 1 |
| 资本利润率 | = | 0.0226 | 1 |
| 综合评分 | = | 0.000 | 1 |

第 1 期末企业的产品状况

| 产品 | 市场 | 上期预订 | 本期需求 | 本期销售 | 市场份额 | 下期订货 | 期末库存 | 废品 |
|---|---|---|---|---|---|---|---|---|
| A | 1 | 0 | 200 | 185 | 0.077 | 7 | 0 | 10 |
| A | 2 | 0 | 200 | 185 | 0.077 | 7 | 0 | 10 |
| A | 3 | 0 | 219 | 0 | 0.000 | 43 | 0 | 0 |
| B | 1 | 0 | 111 | 92 | 0.077 | 7 | 0 | 5 |
| B | 2 | 0 | 111 | 92 | 0.077 | 7 | 0 | 5 |
| B | 3 | 0 | 150 | 0 | 0.000 | 30 | 0 | 0 |

| 产品 | 工厂库存 | 本期研发 | 累积研发 | 产品等级 |
|---|---|---|---|---|
| A | 100 | 100 000 | 100 000 | 1.000 |
| B | 50 | 200 000 | 200 000 | 1.000 |

第 12 个企业在第 2 期所做的决策如下：

| 价格 | 市场 1 | 市场 2 | 市场 3 | 广告（k 元） |
|---|---|---|---|---|
| 产品 A | 2300 | 2500 | 2300 | 10 |
| 产品 B | 4600 | 4800 | 4800 | 10 |
| 促销费（k 元） | 10 | 10 | 0 | |

| 向市场供货量 | 市场 1 | 市场 2 | 市场 3 |
|---|---|---|---|
| 产品 A | 200 | 235 | 0 |
| 产品 B | 100 | 143 | 0 |

| 生产安排 | 第一班 | | 第二班 | | 研究开发 |
|---|---|---|---|---|---|
| （产品数量） | 正班 | 加班 | 正班 | 加班 | 费用（k 元） |
| 产品 A | 200 | 80 | 200 | 0 | 100 |
| 产品 B | 130 | 65 | 130 | 0 | 200 |

| 发展 | 新雇人数 | 辞退人数 | 买机器 | 买原材料（k 单位） |
|---|---|---|---|---|
| | 5 | 5 | 0 | 631 |

| 财务 | 银行贷款 | 发债券 | 买国债 | 分红 | 工资系数（%） |
|---|---|---|---|---|---|
| （k 元） | 0 | 0 | 200 | | 100 |

注：k 代表以 1 000 为单位。

请指出该企业决策中存在的问题。

（16）根据下列数据，分析第几个公司利润总额最高。

各公司各期利润历史数据列表

| 期数 | 公司1 | 公司2 | 公司3 | 公司4 | 公司5 | 公司6 | 公司7 | 公司8 | 公司9 | 公司10 | 公司11 | 公司12 | 公司13 |
|---|---|---|---|---|---|---|---|---|---|---|---|---|---|
| 1 | 166 025 | 166 025 | 166 025 | 166 025 | 166 025 | 166 025 | 166 025 | 166 025 | 166 025 | 166 025 | 166 025 | 166 025 | 166 025 |
| 2 | −184 102 | −84 574 | −41 308 | −16 060 | 71 202 | 12 925 | −395 166 | −258 762 | −101 401 | −432 140 | −26 845 | 121 472 | 52 181 |
| 3 | −253 589 | 8 632 | 79 988 | −6 956 | 192 255 | 125 818 | −403 274 | 65 286 | −153 762 | −445 260 | −207 846 | −27 265 | 210 805 |
| 4 | 61 645 | 158 917 | 180 198 | −39 340 | 342 311 | 144 512 | −469 030 | −10 336 | 203 590 | −96 705 | −392 482 | 8 653 | −165 241 |
| 5 | 171 452 | −43 942 | 223 380 | 303 182 | 421 121 | 140 692 | −264 987 | −451 898 | −89 959 | −14 598 | 281 046 | −49 013 | −3 905 |
| 6 | 378 797 | 378 510 | 255 277 | 272 022 | 314 420 | 440 603 | −137 984 | 40 523 | 8 614 | 205 648 | 376 308 | 112 408 | 309 278 |
| 7 | 486 025 | 599 550 | 21 530 | −408 536 | 267 850 | 184 511 | 232 052 | 250 556 | 168 031 | 258 664 | 341 667 | 152 383 | 479 929 |
| 8 | 536 177 | 796 587 | 239 319 | 195 970 | 41 196 | 117 476 | 350 842 | 131 123 | 284 386 | 375 046 | 396 174 | 89 988 | 547 728 |
| 9 | 646 001 | 616 336 | 348 637 | 266 778 | −168 389 | −6 543 | 503 323 | 139 632 | 178 803 | 364 111 | 422 968 | 276 091 | 517 063 |
| 10 | 749 688 | 535 361 | 63 721 | 346 532 | 916 919 | 94 689 | 301 918 | 214 376 | −241 289 | 188 832 | 236 997 | −50 586 | 477 490 |

(17) 已知第 10 期末企业的状况如下：

第 10 期末企业的状况 （数值及名次）

| | | | |
|---|---|---|---|
| 工人数 | = | 358 | 2 |
| 机器数 | = | 201 | 1 |
| 原材料 | = | 751 951 | 4 |
| 现金 | = | −509 599 | 12 |
| 累积折旧 | = | 2 734 000 | 1 |
| 银行信用额度 | = | 840 188 | 12 |
| 国债 | = | 0 | 5 |
| 债券 | = | 500 000 | 1 |
| 累计研发费 | = | 1 800 000 | 2 |
| 本期利润 | = | 63 721 | 11 |
| 本期交税 | = | 19 116 | 10 |
| 累计交税 | = | 493 162 | 6 |
| 交税信用 | = | 0 | 1 |
| 累计分红 | = | 0 | 4 |
| 净资产 | = | 7 340 160 | 6 |
| 人均利润率 | = | 172.69 | 11 |
| 资本利润率 | = | 0.0081 | 11 |
| 综合评分 | = | −0.338 | 8 |

试分析该企业还可以从银行贷款的额度以及如何提高人均利润率和资本利润率。

(18) 已知第 10 期各企业的主要经营数据如下：

公司主要经营数据比较

| 公司 | 本期收入 | 本期成本 | 本期利润 | 累计纳税 | 累计分红 | 期末现金 | 净资产 | 综合分 |
|---|---|---|---|---|---|---|---|---|
| 1 | 2 737 450 | 1 987 762 | 749 688 | 856 468 | 0 | 4 902 982 | 8 195 106 | 0.916 |
| 2 | 2 716 100 | 2 180 739 | 535 361 | 979 063 | 0 | 3 784 536 | 8 456 404 | 0.991 |
| 3 | 620 426 | 556 705 | 63 721 | 493 162 | 0 | −509 599 | 7 340 160 | −0.338 |
| 4 | 2 196 561 | 1 850 028 | 346 532 | 344 998 | 109 062 | 2 363 355 | 6 920 155 | 0.099 |
| 5 | 3 561 350 | 2 644 431 | 916 919 | 822 739 | 10 000 | 3 597 441 | 8 049 860 | 0.506 |
| 6 | 1 473 800 | 1 379 111 | 94 689 | 462 361 | 0 | 3 244 903 | 7 258 919 | −0.370 |
| 7 | 2 083 696 | 1 781 778 | 301 918 | 58 224 | 25 000 | 3 678 980 | 6 073 334 | −0.391 |
| 8 | 1 475 600 | 1 261 224 | 214 376 | 94 374 | 0 | 4 119 110 | 6 464 990 | −0.618 |

| | | | | | | | | |
|---|---|---|---|---|---|---|---|---|
| 9 | 1 105 900 | 1 347 189 | −241 289 | 212 229 | 0 | 4 293 183 | 6 488 164 | −0.834 |
| 10 | 1 422 500 | 1 233 668 | 188 832 | 180 430 | 0 | 3 868 511 | 6 663 158 | −0.294 |
| 11 | 1 245 650 | 1 008 653 | 236 997 | 499 164 | 0 | 3 546 217 | 7 380 232 | 0.029 |
| 12 | 684 332 | 734 918 | −50 586 | 274 875 | 0 | −2 611 554 | 6 809 357 | −0.782 |
| 13 | 1 587 350 | 1 109 860 | 477 490 | 815 548 | 0 | 5 183 824 | 8 078 371 | 0.638 |

若在第 11 期，这些企业要保持可支配现金 200 万元，那么哪些企业需要向银行贷款？需向银行贷款多少元？

### 4.1.3 查看公司现状

(1) 在各个企业进行第 1 次决策之前所有公司指标都是相同的，处于同一起跑线上。要求首先查看企业公共信息，了解市场竞争情况，详见图 4－2～图 4－13 所示的公共信息数据示意图。

图 4－2 所示是第 1 期末各公司分项指标排序。可以看出各个公司的指标都是相同的。

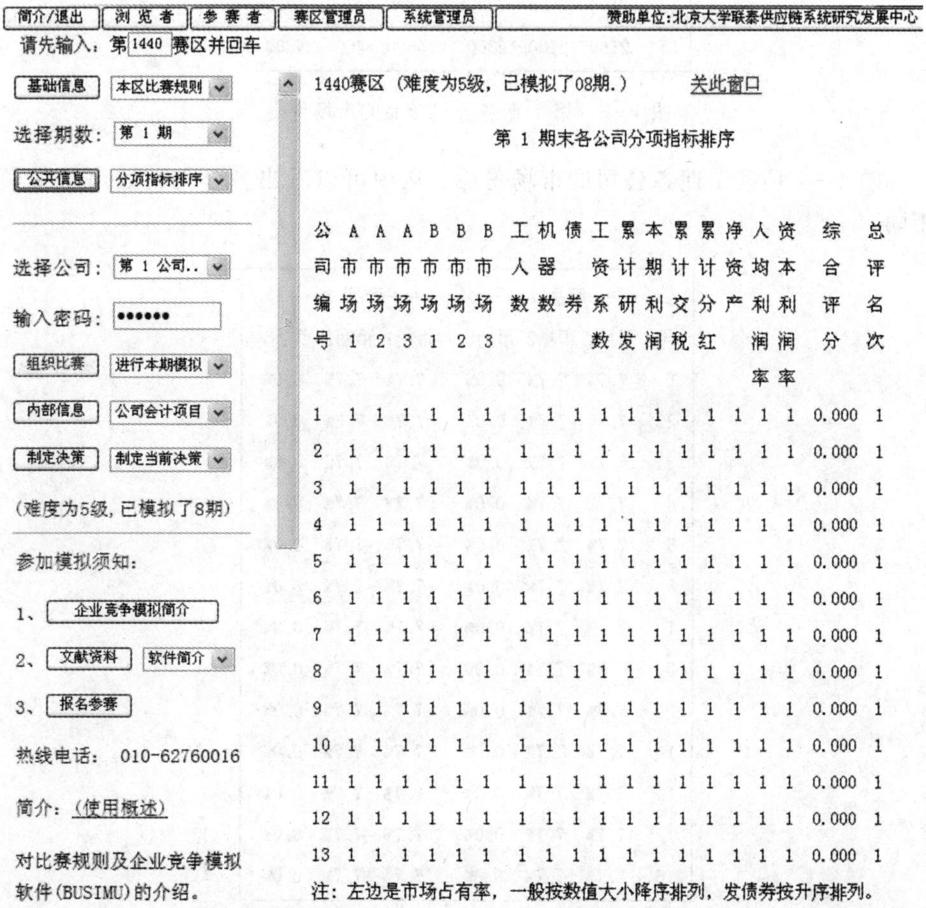


| 公司编号 | A市场1 | A市场2 | A市场3 | B市场1 | B市场2 | B市场3 | 工人数 | 机器数 | 债券 | 工资系数 | 累计研发 | 本期利润 | 累计交税 | 累计分红 | 净资产 | 人均利润率 | 资本利润率 | 综合评分 | 总评名次 |
|---|---|---|---|---|---|---|---|---|---|---|---|---|---|---|---|---|---|---|---|
| 1 | 1 | 1 | 1 | 1 | 1 | 1 | 1 | 1 | 1 | 1 | 1 | 1 | 1 | 1 | 1 | 1 | 1 | 0.000 | 1 |
| 2 | 1 | 1 | 1 | 1 | 1 | 1 | 1 | 1 | 1 | 1 | 1 | 1 | 1 | 1 | 1 | 1 | 1 | 0.000 | 1 |
| 3 | 1 | 1 | 1 | 1 | 1 | 1 | 1 | 1 | 1 | 1 | 1 | 1 | 1 | 1 | 1 | 1 | 1 | 0.000 | 1 |
| 4 | 1 | 1 | 1 | 1 | 1 | 1 | 1 | 1 | 1 | 1 | 1 | 1 | 1 | 1 | 1 | 1 | 1 | 0.000 | 1 |
| 5 | 1 | 1 | 1 | 1 | 1 | 1 | 1 | 1 | 1 | 1 | 1 | 1 | 1 | 1 | 1 | 1 | 1 | 0.000 | 1 |
| 6 | 1 | 1 | 1 | 1 | 1 | 1 | 1 | 1 | 1 | 1 | 1 | 1 | 1 | 1 | 1 | 1 | 1 | 0.000 | 1 |
| 7 | 1 | 1 | 1 | 1 | 1 | 1 | 1 | 1 | 1 | 1 | 1 | 1 | 1 | 1 | 1 | 1 | 1 | 0.000 | 1 |
| 8 | 1 | 1 | 1 | 1 | 1 | 1 | 1 | 1 | 1 | 1 | 1 | 1 | 1 | 1 | 1 | 1 | 1 | 0.000 | 1 |
| 9 | 1 | 1 | 1 | 1 | 1 | 1 | 1 | 1 | 1 | 1 | 1 | 1 | 1 | 1 | 1 | 1 | 1 | 0.000 | 1 |
| 10 | 1 | 1 | 1 | 1 | 1 | 1 | 1 | 1 | 1 | 1 | 1 | 1 | 1 | 1 | 1 | 1 | 1 | 0.000 | 1 |
| 11 | 1 | 1 | 1 | 1 | 1 | 1 | 1 | 1 | 1 | 1 | 1 | 1 | 1 | 1 | 1 | 1 | 1 | 0.000 | 1 |
| 12 | 1 | 1 | 1 | 1 | 1 | 1 | 1 | 1 | 1 | 1 | 1 | 1 | 1 | 1 | 1 | 1 | 1 | 0.000 | 1 |
| 13 | 1 | 1 | 1 | 1 | 1 | 1 | 1 | 1 | 1 | 1 | 1 | 1 | 1 | 1 | 1 | 1 | 1 | 0.000 | 1 |

注：左边是市场占有率，一般按数值大小降序排列，发债券按升序排列。

图 4－2 第 1 期末各公司分项指标排序

图 4-3 所示是第 1 期各个公司产品的市场价格，从中可以看出产品 B 的价格高于产品 A 的价格。

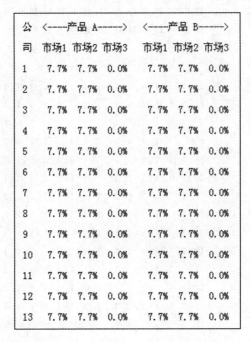

| 公司 | <-----产品 A-----> | | | <-----产品 B-----> | | |
|---|---|---|---|---|---|---|
| | 市场1 | 市场2 | 市场3 | 市场1 | 市场2 | 市场3 |
| 1 | 2100 | 2100 | 2300 | 4600 | 4600 | 4800 |
| 2 | 2100 | 2100 | 2300 | 4600 | 4600 | 4800 |
| 3 | 2100 | 2100 | 2300 | 4600 | 4600 | 4800 |
| 4 | 2100 | 2100 | 2300 | 4600 | 4600 | 4800 |
| 5 | 2100 | 2100 | 2300 | 4600 | 4600 | 4800 |
| 6 | 2100 | 2100 | 2300 | 4600 | 4600 | 4800 |
| 7 | 2100 | 2100 | 2300 | 4600 | 4600 | 4800 |
| 8 | 2100 | 2100 | 2300 | 4600 | 4600 | 4800 |
| 9 | 2100 | 2100 | 2300 | 4600 | 4600 | 4800 |
| 10 | 2100 | 2100 | 2300 | 4600 | 4600 | 4800 |
| 11 | 2100 | 2100 | 2300 | 4600 | 4600 | 4800 |
| 12 | 2100 | 2100 | 2300 | 4600 | 4600 | 4800 |
| 13 | 2100 | 2100 | 2300 | 4600 | 4600 | 4800 |

图 4-3 第 1 期各公司产品的市场价格

图 4-4 是第 1 期各公司的市场份额，从中可以看出各公司初始市场份额相同。

| 公司 | <-----产品 A-----> | | | <-----产品 B-----> | | |
|---|---|---|---|---|---|---|
| | 市场1 | 市场2 | 市场3 | 市场1 | 市场2 | 市场3 |
| 1 | 7.7% | 7.7% | 0.0% | 7.7% | 7.7% | 0.0% |
| 2 | 7.7% | 7.7% | 0.0% | 7.7% | 7.7% | 0.0% |
| 3 | 7.7% | 7.7% | 0.0% | 7.7% | 7.7% | 0.0% |
| 4 | 7.7% | 7.7% | 0.0% | 7.7% | 7.7% | 0.0% |
| 5 | 7.7% | 7.7% | 0.0% | 7.7% | 7.7% | 0.0% |
| 6 | 7.7% | 7.7% | 0.0% | 7.7% | 7.7% | 0.0% |
| 7 | 7.7% | 7.7% | 0.0% | 7.7% | 7.7% | 0.0% |
| 8 | 7.7% | 7.7% | 0.0% | 7.7% | 7.7% | 0.0% |
| 9 | 7.7% | 7.7% | 0.0% | 7.7% | 7.7% | 0.0% |
| 10 | 7.7% | 7.7% | 0.0% | 7.7% | 7.7% | 0.0% |
| 11 | 7.7% | 7.7% | 0.0% | 7.7% | 7.7% | 0.0% |
| 12 | 7.7% | 7.7% | 0.0% | 7.7% | 7.7% | 0.0% |
| 13 | 7.7% | 7.7% | 0.0% | 7.7% | 7.7% | 0.0% |

图 4-4 第 1 期各企业的市场份额

图4-5是第1期发布的消息。每期都有信息发布,公司决策者需关注这些市场信息,并深入分析这些市场信息带给我们决策的影响。

第 1 期发布的消息

市场 1 所在地区即将开始南水北调工程,施工过程中,对商品 B 的需求很可能会有较大幅度的提高。

图4-5 第1期发布的消息

图4-6是第1期各公司几种主要经营数据比较,通过比较数据能够分析本公司在当前企业竞争中的地位以及本公司目前的经营状况。

| 公司 | 本期收入 | 本期成本 | 本期利润 | 累计纳税 | 累计分红 | 期末现金 | 净资产 | 综合分 |
|---|---|---|---|---|---|---|---|---|
| 1 | 1623400 | 1457375 | 166025 | 49808 | 0 | 2524218 | 6380640 | 0.000 |
| 2 | 1623400 | 1457375 | 166025 | 49808 | 0 | 2524218 | 6380640 | 0.000 |
| 3 | 1623400 | 1457375 | 166025 | 49808 | 0 | 2524218 | 6380640 | 0.000 |
| 4 | 1623400 | 1457375 | 166025 | 49808 | 0 | 2524218 | 6380640 | 0.000 |
| 5 | 1623400 | 1457375 | 166025 | 49808 | 0 | 2524218 | 6380640 | 0.000 |
| 6 | 1623400 | 1457375 | 166025 | 49808 | 0 | 2524218 | 6380640 | 0.000 |
| 7 | 1623400 | 1457375 | 166025 | 49808 | 0 | 2524218 | 6380640 | 0.000 |
| 8 | 1623400 | 1457375 | 166025 | 49808 | 0 | 2524218 | 6380640 | 0.000 |
| 9 | 1623400 | 1457375 | 166025 | 49808 | 0 | 2524218 | 6380640 | 0.000 |
| 10 | 1623400 | 1457375 | 166025 | 49808 | 0 | 2524218 | 6380640 | 0.000 |
| 11 | 1623400 | 1457375 | 166025 | 49808 | 0 | 2524218 | 6380640 | 0.000 |
| 12 | 1623400 | 1457375 | 166025 | 49808 | 0 | 2524218 | 6380640 | 0.000 |
| 13 | 1623400 | 1457375 | 166025 | 49808 | 0 | 2524218 | 6380640 | 0.000 |

图4-6 第1期各公司几种主要经营数据比较

图4-7是各公司第1期收入情况数据列表,各公司应尽量保持每期收入增长。

各公司各期收入历史数据列表

| 期数 | 公司1 | 公司2 | 公司3 | 公司4 | 公司5 | 公司6 | 公司7 | 公司8 | 公司9 | 公司10 | 公司11 | 公司12 | 公司13 |
|---|---|---|---|---|---|---|---|---|---|---|---|---|---|
| 1 | 1623400 | 1623400 | 1623400 | 1623400 | 1623400 | 1623400 | 1623400 | 1623400 | 1623400 | 1623400 | 1623400 | 1623400 | 1623400 |

图4-7 各公司第1期收入情况数据列表

图 4-8 是各公司第 1 期成本情况数据列表，公司应严格控制成本。

| 各公司各期成本历史数据列表 | | | | | | | | | | | | |
|---|---|---|---|---|---|---|---|---|---|---|---|---|
| 期数 | 公司1 | 公司2 | 公司3 | 公司4 | 公司5 | 公司6 | 公司7 | 公司8 | 公司9 | 公司10 | 公司11 | 公司12 | 公司13 |
| 1 | 1457375 | 1457375 | 1457375 | 1457375 | 1457375 | 1457375 | 1457375 | 1457375 | 1457375 | 1457375 | 1457375 | 1457375 | 1457375 |

图 4-8　各公司第 1 期成本情况数据列表

图 4-9 是各公司第 1 期利润情况数据列表，利润为收入减成本。

| 各公司各期利润历史数据列表 | | | | | | | | | | | | |
|---|---|---|---|---|---|---|---|---|---|---|---|---|---|
| 期数 | 公司1 | 公司2 | 公司3 | 公司4 | 公司5 | 公司6 | 公司7 | 公司8 | 公司9 | 公司10 | 公司11 | 公司12 | 公司13 |
| 1 | 166025 | 166025 | 166025 | 166025 | 166025 | 166025 | 166025 | 166025 | 166025 | 166025 | 166025 | 166025 | 166025 |

图 4-9　各公司第 1 期利润情况数据列表

图 4-10 是各公司第 1 期纳税情况数据列表，同样的纳税数额，前期作用大于后期。

| 各公司各期累计纳税历史数据列表 | | | | | | | | | | | | |
|---|---|---|---|---|---|---|---|---|---|---|---|---|---|
| 期数 | 公司1 | 公司2 | 公司3 | 公司4 | 公司5 | 公司6 | 公司7 | 公司8 | 公司9 | 公司10 | 公司11 | 公司12 | 公司13 |
| 1 | 49808 | 49808 | 49808 | 49808 | 49808 | 49808 | 49808 | 49808 | 49808 | 49808 | 49808 | 49808 | 49808 |

图 4-10　各公司第 1 期纳税情况数据列表

图 4-11 是各公司第 1 期分红情况数据列表，公司只有在盈利情况下才能分红。

| 各公司各期累计分红历史数据列表 | | | | | | | | | | | | |
|---|---|---|---|---|---|---|---|---|---|---|---|---|---|
| 期数 | 公司1 | 公司2 | 公司3 | 公司4 | 公司5 | 公司6 | 公司7 | 公司8 | 公司9 | 公司10 | 公司11 | 公司12 | 公司13 |
| 1 | 0 | 0 | 0 | 0 | 0 | 0 | 0 | 0 | 0 | 0 | 0 | 0 | 0 |

图 4-11　各公司第 1 期分红情况数据列表

图 4-12 各公司第 1 期净资产情况数据列表，各公司初始净资产相同。

| 各公司各期净资产历史数据列表 | | | | | | | | | | | | |
|---|---|---|---|---|---|---|---|---|---|---|---|---|---|
| 期数 | 公司1 | 公司2 | 公司3 | 公司4 | 公司5 | 公司6 | 公司7 | 公司8 | 公司9 | 公司10 | 公司11 | 公司12 | 公司13 |
| 1 | 6380640 | 6380640 | 6380640 | 6380640 | 6380640 | 6380640 | 6380640 | 6380640 | 6380640 | 6380640 | 6380640 | 6380640 | 6380640 |

图 4-12　各公司第 1 期净资产情况数据列表

图 4-13 是各公司第 1 期综合评分情况数据列表，因第 1 期各公司决策相同，所以得分均为 0。

| 各公司各期综合评分历史数据列表 | | | | | | | | | | | | |
|---|---|---|---|---|---|---|---|---|---|---|---|---|---|
| 期数 | 公司1 | 公司2 | 公司3 | 公司4 | 公司5 | 公司6 | 公司7 | 公司8 | 公司9 | 公司10 | 公司11 | 公司12 | 公司13 |
| 1 | 0.000 | 0.000 | 0.000 | 0.000 | 0.000 | 0.000 | 0.000 | 0.000 | 0.000 | 0.000 | 0.000 | 0.000 | 0.000 |

图 4-13　各公司第 1 期综合评分情况数据列表

（2）通过决策模拟网站，查看企业内部信息，了解本企业经营现状，详见图4-14～图4-18所示的企业内部信息数据示意图。

图4-14是公司会计项目，除公司会计项目外，还可在此处查看公司决策是否被更改。如果公司决策不合理，系统会自动修改为合理决策，但不能保证决策最优。

| 第1期会计项目 | 收支 | 本期收入 | 本期成本 | 现金累计 |
|---|---|---|---|---|
| 上期转来 | | | | 2500000 |
| 还债券本金 | - 50000 | | | 2450000 |
| 还债券利息 | - 30000 | | 30000 | 2420000 |
| 新工人培训费 | - 2500 | | 32500 | 2417500 |
| 解雇工人安置费 | - 5000 | | 37500 | 2412500 |
| 工人基本工资 | - 228150 | | 265650 | 2184350 |
| 机器维修费 | - 20000 | | 285650 | 2164350 |
| 研发费 | - 300000 | | | 1864350 |
| 研发费分摊 | 150000 | | 435650 | |
| 购原材料 | - 500000 | | | 1364350 |
| 购材料运费 | - 15000 | | 450650 | 1349350 |
| 特殊班工资 | - 159750 | | 610400 | 1189600 |
| 管理费 | - 10000 | | 620400 | 1179600 |
| 使用材料费 | 408000 | | 1028400 | |
| 成品运输费 | - 120475 | | 1148875 | 1059125 |
| 广告费 | - 20000 | | 1168875 | 1039125 |
| 促销费 | - 20000 | | 1188875 | 1019125 |
| 销售收入 | + 1623400 | 1623400 | | 2642525 |
| 废品损失 | - 35200 | | 1224075 | 2607325 |
| 折旧费 | 200000 | | 1424075 | |
| 产品库存变化 | 0 | | 1424075 | |
| 原材料存储费 | - 27300 | | 1451375 | 2580025 |
| 成品存储费 | - 6000 | | 1457375 | 2574025 |
| 本期纳税 | - 49808 | | | 2524218 |

图4-14 公司会计项目

图 4-15 是期末净资产，包括现金、国债、原材料、库存等。

```
            第 1 期 末 净 资 产

  ──────────────────────────────────

  项　目           金　额        累　计
  ──────────────────────────────────


  现　　金    +     2524218       2524218
  国　　债    +           0       2524218
  原 材 料    +      592000       3116218
  存 货(产品A) +     113462       3229679
  存 货(产品B) +     150962       3380640
  研发费用待摊 +     150000       3530640
  机器原值    +     4000000       7530640
  机器折旧    -      200000       7330640
  债　　券    -      950000       6380640


  ──────────────────────────────────

  合　　计                        6380640
```

图 4-15　期末净资产

图 4-16 是期末企业的产品状况，每期决策应根据上期末企业的产品状况进行。

```
            第 1 期末企业的产品状况

产品 市场 上期预订 本期需求 本期销售 市场份额 下期订货 期末库存 废品
 A   1     0      200     185    0.077     7       0      10
 A   2     0      200     185    0.077     7       0      10
 A   3     0      219       0    0.000    43       0       0

 B   1     0      111      92    0.077     7       0       5
 B   2     0      111      92    0.077     7       0       5
 B   3     0      150       0    0.000    30       0       0

产品 工厂库存 本期研发 累积研发 产品等级
 A    100    100000   100000   1.000
 B     50    200000   200000   1.000
```

图 4-16　期末企业的产品状况

图 4-17 是期末企业的状况，每期决策应根据上期末企业的状况进行。

图 4-18 是期末企业时间序列数据，企业经营的主要信息都可以在这里查询。

```
       第 1 期末企业的状况（数值及名次）


       工 人 数    =        150   1
       机 器 数    =        100   1
       原 材 料    =     592000   1
       现    金    =    2524218   1
       累积折旧    =     200000   1
       银行信用额度=    8000000   1
       国    债    =          0   1
       债    券    =     950000   1
       累计研发费  =     300000   1
       本期利润    =     166025   1
       本期交税    =      49808   1
       累计交税    =      49808   1
       交税信用    =          0   1
       累计分红    =          0   1
       净 资 产    =    6380640   1
       人均利润率  =    1071.13   1
       资本利润率  =     0.0226   1
       综合评分    =      0.000   1
```

图 4-17 期末企业的状况

```
              产品销售时间序列数据
              产品 A      市场 1

期数 价格   促销    广告   等级  需求  售量  库存  订货 正品率 市场份额
  1  2100  10000  10000 1.000  200   185     0    7 0.950  0.077


              产品销售时间序列数据
              产品 A      市场 2

期数 价格   促销    广告   等级  需求  售量  库存  订货 正品率 市场份额
  1  2100  10000  10000 1.000  200   185     0    7 0.950  0.077


              产品销售时间序列数据
              产品 A      市场 3

期数 价格   促销    广告   等级  需求  售量  库存  订货 正品率 市场份额
  1  2300      0  10000 1.000  219     0     0   43 0.950  0.000
```

```
              产品销售时间序列数据
                产品 B        市场 1

期数  价格   促销    广告   等级   需求  售量  库存  订货  正品率  市场份额
 1   4600  10000  10000 1.000  111   92    0    7   0.950   0.077


              产品销售时间序列数据
                产品 B        市场 2

期数  价格   促销    广告   等级   需求  售量  库存  订货  正品率  市场份额
 1   4600  10000  10000 1.000  111   92    0    7   0.950   0.077


              产品销售时间序列数据
                产品 B        市场 3

期数  价格   促销    广告   等级   需求  售量  库存  订货  正品率  市场份额
 1   4800    0    10000 1.000  150    0    0   30   0.950   0.000
```

图 4-18　期末企业时间序列数据

### 4.1.4　制定决策

（1）以小组为单位研究决策事宜，进行第一次决策，以小组为单位提交。

（2）利用网上决策模拟系统中的功能，制定当前决策，完成第一次决策。具体决策项目如图 4-19 所示。

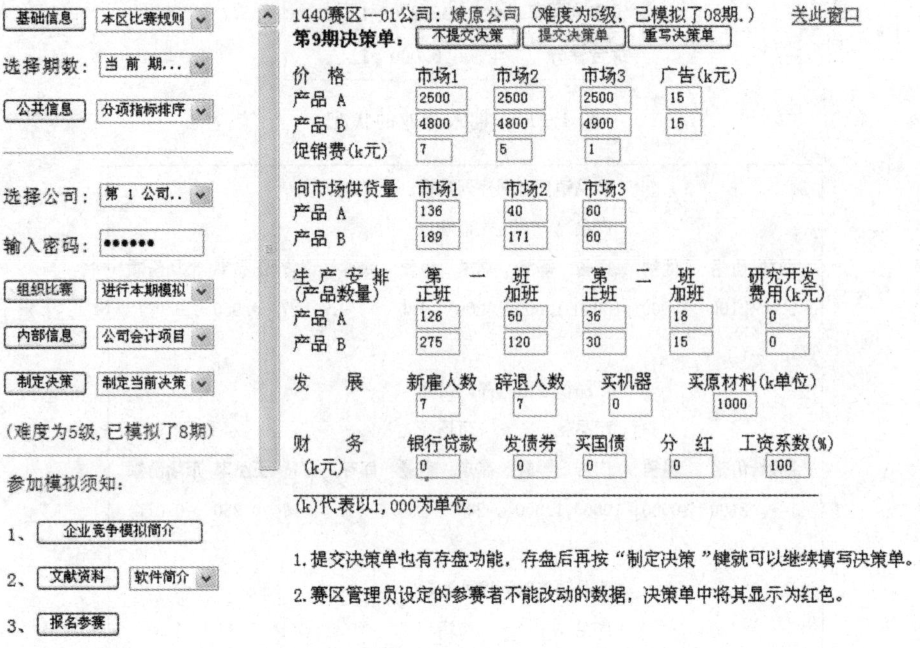

基础信息　本区比赛规则▼

选择期数：当前期...▼

公共信息　分项指标排序▼

选择公司：第 1 公司..▼

输入密码：••••••

组织比赛　进行本期模拟▼

内部信息　公司会计项目▼

制定决策　制定当前决策▼

（难度为5级，已模拟了8期）

参加模拟须知：

1、企业竞争模拟简介

2、文献资料　软件简介▼

3、报名参赛

---

1440赛区--01公司：燎原公司（难度为5级，已模拟了08期.）　　关此窗口

**第9期决策单：**　不提交决策　提交决策单　重写决策单

| 价　格 | 市场1 | 市场2 | 市场3 | 广告（k元） |
|---|---|---|---|---|
| 产品 A | 2500 | 2500 | 2500 | 15 |
| 产品 B | 4800 | 4800 | 4900 | 15 |
| 促销费（k元） | 7 | 5 | 1 | |

| 向市场供货量 | 市场1 | 市场2 | 市场3 |
|---|---|---|---|
| 产品 A | 136 | 40 | 60 |
| 产品 B | 189 | 171 | 60 |

| 生产安排 （产品数量） | 第　一　班 | | 第　二　班 | | 研究开发 费用（k元） |
|---|---|---|---|---|---|
| | 正班 | 加班 | 正班 | 加班 | |
| 产品 A | 126 | 50 | 36 | 18 | 0 |
| 产品 B | 275 | 120 | 30 | 15 | 0 |

| 发　　展 | 新雇人数 | 辞退人数 | 买机器 | 买原材料（k单位） |
|---|---|---|---|---|
| | 7 | 0 | 0 | 1000 |

| 财　　务 （k元） | 银行贷款 | 发债券 | 买国债 | 分　红 | 工资系数（%） |
|---|---|---|---|---|---|
| | 0 | 0 | 0 | 0 | 100 |

(k)代表以1,000为单位.

1.提交决策单也有存盘功能，存盘后再按"制定决策"键就可以继续填写决策单。

2.赛区管理员设定的参赛者不能改动的数据，决策单中将其显示为红色。

图 4-19　每期需要制定的企业决策项目

## 4.1.5 学习工单和自评报告

**学 习 工 单**

| 班级 | | 组别 | |
|---|---|---|---|
| 组员 | | 指导教师 | |
| 学习单元 | 理解竞赛规则 | | |
| 工作任务 | 理解竞赛规则，查看本公司的状况数据 | | |
| 任务描述 | 1. 组建团队后，分配角色，进一步讨论任务分工，明确决策事项，建立沟通合作的机制；<br><br>2. 查看本公司现状，具体包括：公司会计项目、期末净资产、期末产品状况、期末企业状况、时间序列数据；<br><br>3. 结合企业经营模拟规则，思考有关产品分销、产品生产、人力资源、资金筹措等方面的问题；<br><br>4. 制定决策的项目包括：生产安排、向市场供货量、产品价格、广告费和促销费、人力资源规划、研发投入、购买机器数、购买原材料数、向银行贷款金额、发行企业债券数量、购买国债的数量、分红等 | | |
| 前期准备 | 1. 上网阅读竞赛规则；<br><br>2. 进行相关章节的网络学习 | | |
| 任务实施 | 1. 为各成员分配角色，为小组确定名称与密码；<br><br>2. 阅读并理解竞赛规则；<br><br>3. 查看本公司现状；<br><br>4. 思考企业经营决策的相关问题，并进行研讨，对决策项目进行分工；<br><br>5. 总结归纳；<br><br>6. 进行自评测试 | | |
| 学习总结与心得 | 1. 组建团队的过程总结；<br><br>2. 自评的情况；<br><br>3. 谈一下你对竞赛规则的理解；<br><br>4. 谈一下各个角色负责的决策项目之间的联系 | | |
| 考核与评价 | 按照自评报告进行考核 | | |
| | 考核成绩 | | |
| | 教师签名 | | 日期 |

# 自评报告

学号：＿＿＿＿＿＿＿    姓名：＿＿＿＿＿＿＿    班级：＿＿＿＿＿＿＿

| 评分项目 | 要　求 | 得分 |
|---|---|---|
| 竞赛规则<br>（总分：30分） | 市场受哪些因素影响？生产安排应如何平衡人、机器和材料？<br><br><br><br><br><br> | |
| 查看企业现状<br>（总分：20分） | 描述你的企业的现有状况？<br><br><br><br><br> | |
| 制定决策<br>（总分：10分） | 企业的决策项目有哪些？<br><br><br><br><br> | |
| 学习总结<br>（总分：40分） | <br><br><br><br><br><br><br> | |

任务二

## 4.2　任务二：制作生产量计算工具

**本节重点**

· 计算不同班次中完成生产所需的机器和工人数量；

· 判断是否有足够的机器、工人、原材料完成设想的生产计划。

**本节难点**

· 掌握决策所需机器总数的计算方法；

· 掌握各班所需人时、机时、材料的计算方法。

**课程思政**

· 在工具的制作过程中，引入降能增效的理念；

· 理论与实际相结合的教学，要因事而化、因时而进、因势而新。

**本节学时数**　6 学时

**本节学习目的或要求**

· 掌握利用 Excel 表制作生产量计算工具的方法；

· 能利用制作的工具判断企业现有员工和机器是否能够完成预计的生产任务。

### 4.2.1　任务要求

(1) 要求每人独立制作 Excel 生产量计算工具，风格可以不同，严禁拷贝。小组成绩为各人成绩之和。

(2) 生产量计算工具的制作过程可以自主设计，若设计美观合理可适当加分。也可参考图 4-20 的布局，图中现有人数、解聘人数、现有机器数、招聘人数、现有原材料应该根据各公司情况自主输入。

图 4-20 中，各班的产品量是决策变量，当产品 A 和产品 B 在各班的生产量确定后，我们可以根据生产单位产品 A 或产品 B 的人时、机时、材料计算出各班生产需要的总人时、总机时和总材料消耗量，然后再将人时和机时折合成需要的人和机器数量。

例如，图 4-20 中，产品 A 在第一班正班的产量为 100 个，则

人时数＝100 个×单位 A 产品人时消耗量(150)＝15000(人时)

机时数＝100 个×单位 A 产品机时消耗量(100)＝10000(机时)

材料消耗量＝100 个×单位 A 产品材料消耗量(300)＝30000(单位)

由于正班每期工时为 520 小时，因此，产品 A 在第一班正班的产量为 100 个时，

$$需要工人数＝\frac{15000 \text{ 人时}}{520 \text{ 小时}}＝28.85(人)$$

| | A | B | C | D | E | F | G | H | I |
|---|---|---|---|---|---|---|---|---|---|
| 1 | 企业经营决策模拟——生产量计算工具 | | | | 注意:红色数字应根据公司情况改动 | | | | |
| 2 | 参数 | 产品A | 产品B | 每期正常班小时数 | 斜体数字根据模拟情景调整 | | | | |
| 3 | 机器小时 | 100 | 200 | 520 | 黑体数字应该与相应数字比较 | | | | |
| 4 | 人工小时 | 150 | 250 | | | | | | |
| 5 | 原材料 | 300 | 1500 | | | | | | |
| 6 | 第一班固定费用 | 4000 | 5000 | | | | | | |
| 7 | 第二班固定费用 | 6000 | 7000 | | 产值目标 | 3784000 | | | |
| 8 | | | | | | | | | |
| 9 | 班次 | 第一班 | 第一班加班 | 第二班 | 第二班加班 | 总量 | 需求总人数 | 可用人数 | 现有人数 |
| 10 | A产量(个 | 444 | 33 | 222 | 11 | 710 | 328.17 | 156 | 161 |
| 11 | 机时 | 44400 | 3300 | 22200 | 1100 | 71000 | | | |
| 12 | 机器台数 | 85.4 | 12.7 | 42.69230769 | 4.230769231 | | | | |
| 13 | 人时 | 66600 | 4950 | 33300 | 1650 | 106500 | | | |
| 14 | 人数 | 128.08 | 19.03846154 | 64.04 | 6.35 | 192.12 | | | |
| 15 | | | | | | | 需求总机器 | 现有机器数 | 解聘人数 |
| 16 | B产量 | 104 | 36 | 179 | 89 | 408 | 151.92 | 110 | 6 |
| 17 | 机时 | 20800 | 7200 | 35800 | 17800 | 81600 | | | |
| 18 | 机器台数 | 40.0 | 27.69230769 | 68.8 | 68.5 | 102000 | | | |
| 19 | 人时 | 26000 | 9000 | 44750 | 22250 | 102000 | | | |
| 20 | 人数 | 50.00 | 34.62 | 86.06 | 85.58 | 136.06 | | | |
| 21 | 各班总人 | 178.1 | 53.7 | 150.1 | 91.9 | 328.17 | 注意检查该区域约束 | | 招聘人数 |
| 22 | 各班机器 | 125.38 | 40.38 | 111.54 | 72.69 | | | | 6 |
| 23 | | | | | | | 需要原材料 | 现有原材料 | 需订原材料 |
| 24 | | | | | | | 825000 | 927000 | -204000 |

注:红色数字用圈标出。

图 4 - 20  用 Excel 表实现的生产量计算工具

$$需要机器数 = \frac{10000\ 机时}{520\ 小时} = 19.2(台)$$

如果是加班,每期工时为 260 小时,将加班工作量再折合成人数和机器数时,应除以 260。

(3) 小组成员制作的工具以小组为单位打包提交。打包文件命名规则为

第 * * 组任务二.zip

组内各成员的文件均打包到一个文件包中,组内各成员的文件命名规则为

第 * * 组任务二-姓名.xls

(4) 要求任务完成时间为 2 小时。

(5) 在完成工具制作任务的基础上,利用自制的 Excel 生产量计算工具进行决策,并在规定时间内提交第二次决策。

## 4.2.2 加分项目

(1) 如果产品 A 在各市场定价为 2500 元,产品 B 在各市场定价为 4700 元,试分析机器数为 100 台、人数为 150 人时,如何安排生产才能达到产值最大。要求给出具体的解题方案。

(2) 给出正确答案的组,加 3 分。

## 4.2.3　学习工单和自评报告

### 学 习 工 单

| 班级 | | 组别 | |
|---|---|---|---|
| 组员 | | 指导教师 | |
| 学习单元 | 制作生产量计算工具 | | |
| 工作任务 | 用 Excel 制作生产量计算工具 | | |
| 任务描述 | 利用 Excel 制作生产量计算工具，应根据公司现有人数、机器数以及生产产品的规划进行生产安排与规划 | | |
| 前期准备 | 1. 上网阅读竞赛规则；<br>2. 进行相关章节的网络学习 | | |
| 任务实施 | 1. 下载安装 Excel；<br>2. 查看本公司现状；<br>3. 结合公司人数、机器数的实际，制作生产量计算工具；<br>4. 研究各班生产对资源的需求，充分利用资源，生产更多产品；<br>5. 总结归纳；<br>6. 进行自评测试 | | |
| 学习总结与心得 | 1. 简述利用 Excel 制作生产量计算工具的思路；<br>2. 自评的情况；<br>3. 谈一下你对充分利用资源的理解；<br>4. 谈一下生产如何与市场结合 | | |
| 考核与评价 | 按照自评报告进行考核 | | |
| | 考核成绩 | | |
| | 教师签名 | | 日期 |

### 自 评 报 告

学号：_____　　　姓名：_____　　　班级：_____

| 评分项目 | 要　　　求 | 得分 |
|---|---|---|
| 生产量计算<br>（总分：30 分） | 生产量受哪些因素影响？ | |

续表

| 评分项目 | 要　　求 | 得分 |
|---|---|---|
| Excel 工具<br>（总分：20 分） | Excel 工具中，如何求和？ | |
| 学习总结<br>（总分：50 分） | | |

## 4.3  任务三：分析经营成败的原因

**本节重点**

· 掌握如何利用数据将本公司的状况与其他公司的状况进行比较；

· 决策被更改后如何查看并计算决策失误。

**本节难点**

· 协调产能与需求的矛盾，达到利益最大化；

· 比较本公司与其他公司的资本利润率与人均利润率，并提出提高方案。

**课程思政**

· 将企业经营者的岗位责任融入教学过程。

任务三

**本节学时数**　*6 学时*

**本节学习目的或要求**

· 掌握分析企业经营成败的方法；

· 总结经验，进行交流，为后面更合理地制定决策打好基础。

## 4.3.1　任务要求

(1) 结合前几期所做决策数据，分析本公司经营成败的原因，按照小组制作 PPT。具体内容包括：

① 用数据说明本公司生产决策的成败，剖析问题，指出改进的办法，该部分由生产经理负责完成。

② 用数据说明本公司在市场决策上的成败，指出问题，给出改进的方案，该部分由营销经理负责完成。

③ 用数据说明本公司在人力资源的使用方面的问题，指出如何才能更好支撑公司的发展，保证人均利润率，该部分由人力资源经理负责完成。

④ 分析本公司的资本利润率，指出公司财务决策的问题所在，计算公司在各期的成本，该部分由财务经理负责完成。

⑤ 结合经营数据，说明如何协调产能与需求的矛盾，达到利益最大化，该部分由 CEO 负责完成。

(2) 结合上述分析，小组吸取经验教训，研究确定第三次决策并提交。

## 4.3.2　提交方式

(1) 要求每组各个成员分工合作，在分别完成各部分内容的基础上，合成为一个 PPT 文档，文档统一提交，标明每一部分的完成人。

(2) 进行第三次决策，要求在一小时内完成。

(3) 加分说明：分析总结深刻，提出方案可行，且有图、有数据，可加分。

某公司第 9 期期末的企业状况如图 4-21 所示。公司所做原始决策如图 4-22 所示。该公司的原始决策是否有问题？如何进行更改？

```
┌─────────────────────────────────────┐
│   第9期期末企业的状况 （数值及名次）    │
│                                       │
│                                       │
│   工 人 数   =      200  11           │
│                                       │
│   机 器 数   =      106  12           │
│                                       │
│   原 材 料   =     1900  15           │
│                                       │
│   现   金   =  6591682   6            │
│                                       │
└─────────────────────────────────────┘
```

图 4-21　第 9 期期末企业状况

```
                    在第 10 期所做的决策


价    格        市场 1      市场 2      市场 3     广告(k元)
  产品 A        3700       3700       4600        10
  产品 B        6400       6400       7000        10
促销费 (k元)      10         10         10
向市场供货量    市场 1      市场 2      市场 3
  产品 A         50         50         29
  产品 B        200        150         80
生产安排       第  一  班      第  二  班     研究开发
(产品数量)    正 班   加 班    正 班   加 班    费用(k元)
  产品 A        0      0       174     87        0
  产品 B       275     0       168     94        0
发    展     新雇人数  辞退人数    买机器   买原材料(k单位)
                       6         0      1755
财    务     银行贷款   发债券    买国债  分 红  工资系数(%)
  (k元)         0        0        0      0       100
(k) 代表以1000为单位.
```

图 4-22　第 10 期公司原始决策

---

**警示**

请关注该公司生产安排所需要的人、机器和材料是否能满足要求。

---

## 4.3.3　学习工单和自评报告

### 学 习 工 单

| 班级 | | 组别 | |
|---|---|---|---|
| 组员 | | 指导教师 | |
| 学习单元 | 分析成败原因 | | |
| 工作任务 | 结合过去几期公司经营情况，分析公司经营成败原因 | | |
| 任务描述 | 1. 说明本公司生产决策的成败，剖析问题，指出改进的办法，该部分由生产经理负责完成；<br>　2. 说明本公司在市场决策上的成败，指出问题，给出改进的方案，该部分由营销经理负责完成；<br>　3. 说明本公司在人力资源使用方面的问题，指出如何才能更好支撑公司的发展，保证人均利润率，该部分由人力资源经理负责完成；<br>　4. 分析本公司的资本利润率，指出公司财务决策的问题所在，计算公司在各期的成本，该部分由财务经理负责完成 | | |

续表

| 前期准备 | 1. 上网阅读公司以往各期的经营数据；<br>2. 进行相关章节的网络学习 |
|---|---|
| 任务实施 | 1. 查看本公司现状；<br>2. 分析各期经营数据；<br>3. 分析公司在市场、人力资源、生产、财务等方面的决策问题；<br>4. 研究各期成败的经验与教训；<br>5. 总结归纳；<br>6. 进行自评测试 |
| 学习总结与心得 | 1. 剖析问题，指出改进方案；<br>2. 自评的情况；<br>3. 谈一下你对协调产能与需求的矛盾的理解 |

| 考核与评价 | 按照自评报告进行考核 | | | |
|---|---|---|---|---|
| | 考核成绩 | | | |
| | 教师签名 | | 日期 | |

## 自 评 报 告

学号：＿＿＿＿＿＿　　　姓名：＿＿＿＿＿＿　　　班级：＿＿＿＿＿＿

| 评分项目 | 要　　求 | 得分 |
|---|---|---|
| 生产决策<br>（总分：30 分） | 生产决策成败的关键是什么？ | |

续表

| 评分项目 | 要　　求 | 得分 |
|---|---|---|
| 分销决策<br>（总分：20 分） | 分销方案决策一般考虑哪些因素？ | |
| 学习总结<br>（总分：50 分） | | |

## 4.4　任务四：制作规划求解工具

**任务四**

**本节重点**

· 把决策目标变成规划求解的模型；

· 利用规划求解工具优化企业生产安排。

**本节难点**

· 规划求解的目标描述；

· 规划求解的约束条件。

**本节学时数**　6 学时

**本节学习目的或要求**

· 掌握利用 Excel 中的规划求解工具进行生产安排的优化方法；

· 通过该方法寻求最优解。

## 4.4.1  任务要求

Excel 中的规划求解工具非常有用，不仅可以解决运筹学、线性规划等问题，还可以用来求解线性方程组及非线性方程组。

例如，财务管理中涉及很多的优化问题，如最大利润、最小成本、最优投资组合、目标规划、线性回归及非线性回归等。

（1）在完成以上任务的基础上，假设企业本期可用人数为 195 人、机器为 100 台，材料为 1 420 000（单位）。已知：产品 A 单价为 2500 元，产品 B 单价为 4700 元，那么如何安排生产才能保证产值最大呢？（材料不足可以采购）

下面我们利用 Excel 中的规划求解工具来制作产值最大化的求解工具。

首先，我们根据各班时间，初步给出该企业 A、B 两种产品的生产安排，分别计算各班需要的人时数、机时数和材料数，然后折算出需要的总人数、机器数和材料数，如图 4-23 所示。只要调节 A、B 两种产品在各班的生产量（加黑字体）就可以看到所需资源的变化。此时，我们利用 Excel 得到了简单的产品生产量计算工具。图中，需求总人数、需求总机器数、需要原材料应该分别与可用人数、现有机器、现有原材料进行比较。

如何才能使得我们的生产安排更充分地利用已有资源，达到产值最优呢？这就要使用规划求解工具了。利用 Excel 规划求解的具体操作步骤如图 4-24～图 4-27 所示。

| F7 | ▼ | *fx* | =F10*2500+F16*4700 | | | | | | |
|---|---|---|---|---|---|---|---|---|---|
| | A | B | C | D | E | F | G | H | I |
| 1 | 企业生产计算工具 | | | | 注意：加黑数字应根据公司情况改动 | | | | |
| 2 | 参数 | 产品A | 产品B | 每期正常班小时数 | 斜体数字根据情景确定 | | | | |
| 3 | 机器小时 | 100 | 200 | 520 | 有底色的数字应该与相应数字比较 | | | | |
| 4 | 人工小时 | 150 | 250 | | | | | | |
| 5 | 原材料 | 300 | 1500 | | | | | | |
| 6 | 第一班固定费用 | 4000 | 5000 | | | | | | |
| 7 | 第二班固定费用 | 6000 | 7000 | | 总产值= | 1180800 | | | |
| 8 | | | | | | | | | |
| 9 | 班次 | 第一班 | 第一班加班 | 第二班 | 第二班加班 | 总量 | 需求总人数 | 可用人数 | 现有人数 |
| 10 | A产量（个） | 110 | 50 | 40 | 11 | 211 | 101.92 | 195 | 200 |
| 11 | 机时 | 11000 | 5000 | 4000 | 1100 | 21100 | | | |
| 12 | 机器台数 | 21.2 | 19.2 | 7.692307692 | 4.230769231 | | | | |
| 13 | 人时 | 16500 | 7500 | 6000 | 1650 | 31650 | | | |
| 14 | 人数 | 31.73 | 28.84615385 | 11.54 | 6.35 | 43.27 | | | |
| 15 | | | | | | | 需求总机器 | 现有机器 | 解聘人数 |
| 16 | B产量 | 111 | 12 | 11 | 5 | 139 | 63.85 | 100 | 6 |
| 17 | 机时 | 22200 | 2400 | 2200 | 1000 | 27800 | | | |
| 18 | 机器台数 | 42.7 | 9.230769231 | 4.2 | 3.8 | | | | |
| 19 | 人时 | 27750 | 3000 | 2750 | 1250 | 34750 | | | |
| 20 | 人数 | 53.37 | 11.54 | 5.29 | 4.81 | 58.65 | | | |
| 21 | 各班总人数 | 85.1 | 40.4 | 16.8 | 11.2 | 101.92 | 注意检查该区域约束 | | 招聘人数 |
| 22 | 各班机器数 | 63.85 | 28.46 | 11.92 | 8.08 | | | | 6 |
| 23 | | | | | | | 需要原材料 | 现有原材料 | 需订原材料 |
| 24 | | | | | | | 271800 | 1420000 | -2296400 |

图 4-23  计算出的产品生产量

图 4-24  选择 Excel 工具中的"加载宏"

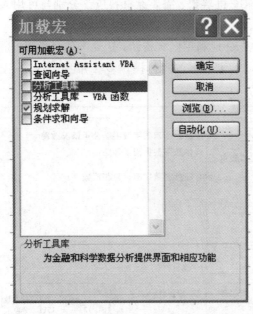

图 4-25  选择"加载宏"中的"规划求解"功能　　图 4-26  使用 Excel"工具"菜
单下的"规划求解"功能

　　图 4-27 中，需要设定的线性规划参数有三部分：

　　① 规划目标：本例中规划目标为产值最大。产值可以根据产品 A 和产品 B 的产量乘以平均单价得到。具体的计算公式设置在 Excel 表的 F7 单元格中。本例中，假设产品 A 的平均单价为 2500 元，产品 B 的平均单价为 4700 元，因此产值目标（存入 Excel 表 F7 单元格）为 F10×2500＋F16×4700。

　　② 规划求解的可变量（产品 A 和产品 B 在各班的生产量）：在 B10 到 E10、B16 到 E16 中。

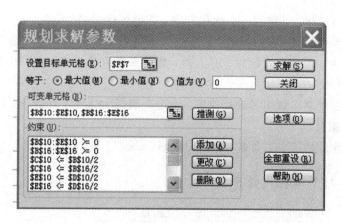

图 4-27 进入规划求解参数界面设定线性规划参数

③规划求解的约束条件：在图 4-27 第三部分中，需要设定规划约束，具体包括：

· 生产规划中，需要的总机器数不能超过企业现有的机器总量；

· 生产规划中，需要的总人数不能超过企业可能供给的人数；

· 规划的生产量不能为负值；

· 加班的生产量不能超过正班生产量的一半。

通过求解，我们可以得出产值最大化的最优解，见图 4-28。

| F7 | | ▼ | ƒ | =F10*2500+F16*4700 | | | | | |
|---|---|---|---|---|---|---|---|---|---|
| | A | B | C | D | E | F | G | H | I |
| 1 | 企业生产规划工具 | | | | 注意：加黑数字应根据公司情况改动 | | | | |
| 2 | 参数 | 产品A | 产品B | 每期正常班小时数 | 斜体数字根据情景确定 | | | | |
| 3 | 机器小时 | 100 | 200 | 520 | 有底色的数字应该与相应数字比较 | | | | |
| 4 | 人工小时 | 150 | 250 | | | | | | |
| 5 | 原材料 | 300 | 1500 | | | | | | |
| 6 | 第一班固定费用 | 4000 | 5000 | | | | | | |
| 7 | 第二班固定费用 | 6000 | 7000 | | 总产值= | 2475517 | | | |
| 8 | | | | | | | | | |
| 9 | 班次 | 第一班 | 第一班加班 | 第二班 | 第二班加班 | 总量 | 需求总人数 | 可用人数 | 现有人数 |
| 10 | A产量（个） | 121.123841 | 60.56192049 | 49.4995617 | 24.7497808 | 255.935 | 195.00 | 195 | 200 |
| 11 | 机时 | 12112.3841 | 6056.192049 | 4949.956168 | 2474.978084 | 25593.51 | | | |
| 12 | 机器台数 | 23.3 | | 23.3 | 9.519146477 | 9.519146477 | | | |
| 13 | 人时 | 18168.57615 | 9084.288073 | 7424.934252 | 3712.467126 | 38390.27 | | | |
| 14 | 人数 | 34.94 | 34.93956951 | 14.28 | 14.28 | 49.22 | | | |
| 15 | | | | | | | 需求总机器 | 现有机器 | 解聘人数 |
| 16 | B产量 | 199.4375067 | 35.44992318 | 103.788452 | 51.8942262 | 390.57 | 100.00 | 100 | 6 |
| 17 | 机时 | 39887.50134 | 7089.984637 | 20757.69046 | 10378.84523 | 78114.02 | | | |
| 18 | 机器台数 | 76.7 | | 27.26917168 | 39.9 | 39.9 | | | |
| 19 | 人时 | 49859.37668 | 8862.480796 | 25947.11308 | 12973.55654 | 97642.53 | | | |
| 20 | 人数 | 95.88 | 34.09 | 49.90 | 49.90 | 145.78 | | | |
| 21 | 各班总人数 | 130.8 | 69.0 | 64.2 | 64.2 | 195.00 | 注意检查该区域约束 | | 招聘人数 |
| 22 | 各班机器数 | 100.00 | 50.56 | 49.44 | 49.44 | | | | 6 |
| 23 | | | | | | | 需要原材料 | 现有原材料 | 需订原材料 |
| 24 | | | | | | | 662635.7 | 1420000 | -1514729 |
| 25 | | | | | | | | | |

图 4-28 产值最大化规划求解方案

根据图 4 - 28，可得到一个优化方案，产值可达 2 475 517。

（2）如果产品 A 在各市场定价为 2500 元，产品 B 在各市场定价为 4700 元，试分析机器为 100 台、人数为 150 人时，如何安排生产才能达到产值最大。要求给出具体的解题方案。

（3）利用规划求解工具进行决策，给出产值最大化的生产计划，研究确定第四次决策并提交。

（4）制作规划工具，命名：组名＋规划.xls。

## 4.4.2　学习工单和自评报告

### 学 习 工 单

| 班级 | | 组别 | |
|---|---|---|---|
| 组员 | | 指导教师 | |
| 学习单元 | 制作规划求解工具 | | |
| 工作任务 | 利用 Excel 制作规划求解工具 | | |
| 任务描述 | 1. 利用 Excel 加载宏——规划求解功能；<br>2. 制作规划求解工具，考虑以下场景：<br>产品 A 和产品 B 在各个市场的定价不同，运到各个市场的数量不同，请制作规划求解工具，求解产值最大化的规划问题；<br>3. 结合企业经营模拟系统中本企业的实际，利用工具进行产品量决策 | | |
| 前期准备 | 1. 上网查阅规划求解的案例；<br>2. 进行相关章节的网络学习 | | |
| 任务实施 | 1. 打开 Excel 加载宏——规划求解功能；<br>2. 确定目标函数和限制条件，制作规划求解工具；<br>3. 查看本公司现状；<br>4. 利用制作的工具，进行规划求解，确定产品决策；<br>5. 总结归纳；<br>6. 进行自评测试 | | |
| 学习总结与心得 | 1. Excel 规划求解工具中的模型制作过程总结；<br>2. 自评的情况；<br>3. 谈一下您对规划求解结果的看法；<br>4. 为何规划求解的结果不一定每次相同 | | |
| 考核与评价 | 按照自评报告进行考核 | | |
| | 考核成绩 | | |
| | 教师签名 | | 日期 |

# 自 评 报 告

学号：_____　　　姓名：_____　　　班级：_____

| 评分项目 | 要　　求 | 得分 |
|---|---|---|
| 规划求解<br>（总分：30分） | 如何确定目标函数和约束条件？ | |
| 规划求解的应用<br>（总分：20分） | 谈一下规划求解的应用场景？ | |
| 学习总结<br>（总分：50分） | | |

任务五和任务六

## 4.5 任务五：分析单位产品成本

**本节重点**

· 多种费用分摊方案；

· 人工成本、机器成本的计算方法。

**本节难点**

· 直接计入费用和间接计入费用的区分；

· 间接费用的分摊；

· 产品成本计算需要考虑的问题。

**课程思政**

· 将绿色节能的理念贯穿到成本分析中；

· 将共享的思想融入教学过程中。

**本节学时数**　6 学时

**本节学习目的或要求**

· 理解成本计算的重要性；

· 掌握费用分摊的常用方法，学会对企业产品进行成本核算。

### 4.5.1　成本分摊

在工业企业中生产产品的成本除了包括人工成本、机器成本、材料成本以外，还有一部分生产费用成本有待于分摊到各产品上。这部分生产费用包括：管理费、研发费、广告费、运费、折旧费、维修费等。

企业的要素费用按与生产工艺的关系分类，分为直接生产费用与间接生产费用。按其计入产品成本的方法分类，分为直接计入费用与间接计入费用。

直接计入的要素费用直接计入某种产品，如本决策模拟系统中生产 A 和 B 两种产品的工时成本、机时成本、材料成本等。而间接计入的要素费用，如管理费、研发费、广告费、运费、折旧费、维修费等分配的关键是找到一种合理的分配标准。

间接计入费用的分配标准主要有三类：

(1) 成果类：如产品的重量、体积、产量、产值等。

(2) 消耗类：如生产工时、生产工人的工资、机器工时、原材料消耗量等。

(3) 定额类：如定额消耗量、定额费用等。

分配时先计算费用分配率，即每一单位分配标准应负担的费用额，再根据各种产品的分配标准额乘以费用分配率，即可求得每种产品应分配的间接计入要素费用。

常用的费用分摊方法有：

(1) 按生产工人工资分摊；

(2) 按生产工人工时分摊；

(3) 按机器工时分摊；

(4) 按耗用原材料的数量或成本分摊；

(5) 按直接成本(原材料、燃料、动力、生产工人工资及应提取的福利费之和)分摊；

(6) 按产品产量或者产值等进行分摊。

具体采用哪种分配方法，由企业自行决定。分配方法一经确定，不得随意变更。如需变更，应当在会计报表中附注。

如企业生产的A、B两种产品费用分摊使用产值分摊方法，则首先要计算出产品A和产品B的总产值，然后计算产品A和产品B的费用分配率：

$$\text{产品 A 的费用分配率} = \frac{\text{产品 A 的产值}}{\text{产品 A 的产值} + \text{产品 B 的产值}} \tag{4-1}$$

$$\text{产品 B 的费用分配率} = \frac{\text{产品 B 的产值}}{\text{产品 A 的产值} + \text{产品 B 的产值}} \tag{4-2}$$

在此基础上，计算出间接成本费用(如管理费、研发费、广告费、运费、折旧费、维修费等)分摊到产品A、B上的成本费用。用产品A和B的直接成本与分摊的成本费用之和除以相应的产品数量，即可得到产品A和B的单位产品成本。

## 4.5.2　任务要求

(1) 用Excel编制单位产品成本分析工具，分别分析产品A和B的成本。时间要求2.5小时。要求考虑人工成本、机器成本、原料成本、管理费分摊、研发费分摊、广告费分摊、运费分摊、折旧费分摊、维修费分摊等因素。

(2) 编写报告分析本公司在前几期中，分摊到产品A和B上的单位成本。电子表格工具的格式可以自行设定，也可参考图4-29。

| 班次 | 第一班 | 第一班加班 | 第二班 | 第二班加班 | 总量 | 需求总人数 | 可用人数 | 现有人数 |
|---|---|---|---|---|---|---|---|---|
| A产品产量 | 125 | 0 | 95 | 0 | 220 | 118.75 | 166.25 | 150 |
| 机时 | 12500 | 0 | 9500 | 0 | 22000 | | | |
| 机器台数 | 24.03846154 | 0 | 18.2692308 | 0 | 42.3076923 | | | |
| 人时 | 18750 | 0 | 14250 | 0 | 33000 | | | |
| 人数 | 36.05769231 | 0 | 27.4038462 | 0 | 63.4615385 | | | |
| | | | | | | 需求总机数 | 现有机器 | 解聘人数 |
| B产品产量 | 60 | 0 | 55 | 0 | 115 | 86.538462 | 100 | 4.5 |
| 机时 | 12000 | 0 | 11000 | 0 | 23000 | | | |
| 机器台数 | 23.07692308 | 0 | 21.1538462 | 0 | 44.2307692 | | | |
| 人时 | 15000 | 0 | 13750 | 0 | 28750 | | | |
| 人数 | 28.84615385 | 0 | 26.4423077 | 0 | 55.2884615 | | | |
| | | | | | | | | |
| 各班总人 | 64.90384615 | 0 | 53.8461538 | 0 | | 招聘人数 | | |
| 各班机器 | 47.11538462 | 0 | 39.4230769 | 0 | | 65 | | |

| 期数 | 一班 | 一班加班 | 二班 | 二班加班 | 总量 |
|---|---|---|---|---|---|
| 1 | 260 | 130 | 0 | 0 | 390 |
| 2 | 300 | 120 | 0 | 0 | 420 |
| 3 | 410 | 100 | 0 | 0 | 510 |
| 4 | 400 | 163 | 0 | 0 | 563 |
| 5 | 300 | 100 | 42 | 20 | 462 |

| 期数 | 第一市场 | 第二市场 | 第三市场 |
|---|---|---|---|
| 1 | 195 | 195 | 0 |
| 2 | 193 | 190 | 38 |
| 3 | 250 | 150 | 89 |
| 4 | 300 | 150 | 100 |
| 5 | 187 | 100 | 200 |

A产品的成本分析

| 期数 | A产品的生产数量 | 总原材料 | 原材料费 | 机器费 | 促销费 | 广告费 | 研究开发费 | 新雇人数 | 原有机器 | 现有机器 | 买国债 | 银行贷款 |
|---|---|---|---|---|---|---|---|---|---|---|---|---|
| 1 | 390 | 25312.5 | 25312.5 | 200000 | 20000 | 10000 | 100000 | 5 | 100 | 100 | 0 | 0 |
| 2 | 428 | 27778.84615 | 27778.8462 | 220000 | 30000 | 10000 | 100000 | 20 | 100 | 110 | 0 | 0 |
| 3 | 510 | 33100.96154 | 33100.9615 | 230000 | 30000 | 10000 | 100000 | 0 | 110 | 115 | 20000 | 0 |
| 4 | 563 | 36540.86538 | 36540.8654 | 240000 | 40000 | 10000 | 100000 | 10 | 115 | 120 | 40000 | 0 |
| 5 | 400 | 25961.53846 | 25961.5385 | 280000 | 40000 | 10000 | 100000 | 30 | 120 | 140 | 100000 | 58000 |

| 期数 | 生产成本 | 原料成本 | 研发费分摊 | 广告费分摊 | 运费分摊 | 维修费分摊 |
|---|---|---|---|---|---|---|
| 1 | 911.0576923 | 64.90384615 | 256.410256 | 25.64102564 | 1250 | 200 |
| 2 | 906.0253415 | 64.90384615 | 233.64486 | 23.36448598 | 1469.57944 | 220 |
| 3 | 790.3940422 | 64.90384615 | 196.078431 | 19.60784314 | 1562.7451 | 209.09091 |
| 4 | 757.6214305 | 64.90384615 | 177.619893 | 17.76198934 | 1552.39787 | 208.69565 |
| 5 | 1139.903846 | 64.90384615 | 250 | 25 | 2768.55 | 233.33333 |

图4-29　A产品的成本分析工具

(3) 要求组内成员分工协作共同完成，严禁抄袭，要结合公司经营情况，进

行具体的数据分析。文件命名格式为

组号＋姓名1＋A产品成本分析.xls
组号＋姓名2＋B产品成本分析.xls
组号＋姓名3(可写多人)＋成本分析报告.ppt

（4）制定第五次决策。

## 4.5.3 学习工单和自评报告

**学 习 工 单**

| 班级 | | 组别 | |
|---|---|---|---|
| 组员 | | 指导教师 | |
| 学习单元 | 单位产品成本分析 | | |
| 工作任务 | 利用 Excel，进行企业单位产品成本分析 | | |
| 任务描述 | 1. 了解企业产品成本的构成要素；<br>2. 试分析管理费、研发费、广告费的分摊方法，给出不同分摊方法情况下，产品 A 和 B 的单位成本；<br>3. 如果产品 A 在各个市场的定价均为 2500 元，产品 B 在各个市场的定价均为 4800 元，运到各个市场的数量按照上期市场对本公司的产品需求比例分配，请制作规划求解工具，并给出规划求解利润最大化的优化方案；<br>4. 在成本计算的基础上，制作利润最大化的规划求解工具，并进行分析(要求：分摊方法合理，至少两种以上) | | |
| 前期准备 | 1. 上网查阅企业降本增效的案例；<br>2. 进行相关章节的网络学习 | | |
| 任务实施 | 1. 打开 Excel，列出所有产品成本项目；<br>2. 确定成本项目分摊规则，制作产品成本计算工具；<br>3. 查看本公司现状；<br>4. 利用制作的成本分析工具，进行产品成本分析；<br>5. 总结归纳；<br>6. 进行自评测试 | | |
| 学习总结与心得 | 1. 用 Excel 制作产品成本计算工具的过程总结；<br>2. 自评的情况；<br>3. 谈一下你对成本分摊方案的看法；<br>4. 分析本公司的产品成本中，占比较大的项目 | | |
| 考核与评价 | 按照自评报告进行考核 | | |
| | 考核成绩 | | |
| | 教师签名 | | 日期 | |

# 自 评 报 告

学号：_____　　　　姓名：_____　　　　班级：_____

| 评分项目 | 要　　求 | 得分 |
|---|---|---|
| 成本分摊<br>（总分：30分） | 哪些项目需要成本分摊？常用的成本分摊方案有哪些？<br><br><br><br><br><br><br> | |
| 产品成本计算<br>（总分：20分） | 产品成本中包含哪些项目？<br><br><br><br><br><br> | |
| 学习总结<br>（总分：50分） | <br><br><br><br><br><br><br><br><br><br><br><br> | |

## 4.6 任务六：分析公司会计项目中的成本变化

**本节重点**

· 成本变化计算及趋势图的绘制；

· 根据会计项目确定单位成本。

**本节难点**

· 查找并录入多期与成本有关的数据；

· 成本计算。

**本节学时数**  6 学时

**本节学习目的或要求**

· 结合上一节的内容，计算出本公司过去多期的成本情况，并总结变化规律，制定合理的定价原则，以指导产品定价。

### 4.6.1  任务要求

（1）结合前面对成本分析的结果和经验，考虑有效降低成本的方案，利用工具进行第六次决策。

（2）分析各期的成本变化，根据公司在各期会计项目中的成本数据，选用产品 A 和 B 的产值分摊总成本，计算出各期产品 A 和 B 的单位成本，并画出产品 A 和 B 的成本折线图，可参考图 4-30。

（3）提交分析文档，并制作单位产品的分析工具，命名：组名＋任务六.xls。

（4）利用成本分析的结果，进行合理的定价，制定可行的决策，提交第七次决策。

| A产品 | 2期 | 3期 | 4期 | 5期 | 6期 | 7期 |
|---|---|---|---|---|---|---|
| 总成本 | 174.2 | 163.1 | 169.2 | 187.3 | 220.4 | 204 |
| A产品量 | 328 | 510 | 563 | 462 | 376 | 329 |
| A分摊比 | 0.425343 | 0.67942 | 0.6973 | 0.546596 | 0.382114 | 0.439819 |
| A产值 | 688800 | 1275000 | 1407500 | 1201200 | 1015200 | 954100 |
| A成本 | 74.0947 | 110.8134 | 117.9832 | 102.3775 | 84.21789 | 89.72314 |
| A产品单位成本 | 0.225898 | 0.217281 | 0.209562 | 0.221596 | 0.223984 | 0.272715 |

| B产品 | 2期 | 3期 | 4期 | 5期 | 6期 | 7期 |
|---|---|---|---|---|---|---|
| 总成本 | 174.2 | 163.1 | 169.2 | 187.3 | 220.4 | 204 |
| B产品量 | 198 | 128 | 130 | 212 | 342 | 248 |
| B分摊比 | 0.574657 | 0.32058 | 0.3027 | 0.453404 | 0.617886 | 0.560181 |
| B产值 | 930600 | 601600 | 611000 | 996400 | 1641600 | 1215200 |
| B成本 | 100.1053 | 52.28656 | 51.21684 | 84.92252 | 136.1821 | 114.2769 |
| B产品单位成本 | 0.505582 | 0.408489 | 0.393976 | 0.400578 | 0.398193 | 0.460794 |

（a）成本数据

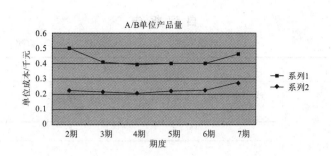

（b）成本折线图

图 4 - 30　分析公司会计项目中的成本变化

## 4.6.2　学习工单和自评报告

### 学 习 工 单

| 班级 | | 组别 | |
|---|---|---|---|
| 组员 | | 指导教师 | |
| 学习单元 | 分析公司会计项目中的成本变化 | | |
| 工作任务 | 利用 Excel 成本分析工具分析公司产品成本变化情况 | | |
| 任务描述 | 1. 了解以往各期本公司产品成本的变化情况；<br>2. 结合本公司各期经营数据分析出成本变化与哪些因素有关，计算出产品 A 和 B 的单位成本与相关因素的相关系数；<br>3. 对比根据公司会计项目计算出的成本与任务五中计算出的是否相同，如果不同，思考出现差异的原因 | | |
| 前期准备 | 1. 上网查阅本企业各期成本数据；<br>2. 进行相关章节的网络学习 | | |
| 任务实施 | 1. 利用 Excel 成本分析工具分析各期产品成本项目的比例构成；<br>2. 查看本公司经营现状；<br>3. 找到各期影响本公司产品成本的关键因素；<br>4. 利用制作的成本分析工具剖析产品成本变化情况；<br>5. 总结归纳；<br>6. 进行自评测试 | | |
| 学习总结与心得 | 1. 本公司产品成本变化情况总结；<br>2. 自评的情况；<br>3. 谈一下你对本公司关键成本项目的看法；<br>4. 本公司的产品成本中，分析哪些项目在各期经营中变化较大 | | |
| 考核与评价 | 按照自评报告进行考核 | | |
| | 考核成绩 | | |
| | 教师签名 | | 日期 | |

# 自 评 报 告

学号：_____          姓名：_____          班级：_____

| 评分项目 | 要　　求 | 得分 |
|---|---|---|
| 产品量与成本<br>（总分：30 分） | 谈一下你对产品量增加对成本影响的理解？ | |
| 产品成本的变化<br>（总分：20 分） | 如何降低单位产品成本？ | |
| 学习总结<br>（总分：50 分） | | |

## 4.7　任务七：建立市场需求模型

**本节重点**

- 回归模型的建立；
- 回归模型的分析和需求预测；
- 模型检验。

**本节难点**

- 根据历史数据建立回归模型；
- 根据回归模型进行趋势预测；
- 回归模型的显著性检验。

**本节学时数**　6 学时

**本节学习目的或要求**

- 掌握建立需求回归模型的方法；
- 了解相关因素对需求的影响程度；
- 结合需求回归模型，预测市场需求，提出合理的企业决策。

### 4.7.1　数据归纳

（1）结合本公司经营的历史数据，将产品 A 和 B 在各决策期的数据填入表 4-2 中，要求提交文件名为

组名+市场需求分析数据.xls

（2）要求团队合作，分工完成。

（3）要求时间为 1 小时。

表 4-2　市场需求分析数据表

| 市场需求模型（A 在第一市场） | | | | | | | 市场需求模型（B 在第一市场） | | | | | | |
|---|---|---|---|---|---|---|---|---|---|---|---|---|---|
| 决策期 | 需求数 | 价格 | 等级 | 市场占有率 | 广告 | 促销 | 决策期 | 需求数 | 价格 | 等级 | 市场占有率 | 广告 | 促销 |
| 1 | | | | | | | 1 | | | | | | |
| 2 | | | | | | | 2 | | | | | | |
| 3 | | | | | | | 3 | | | | | | |
| 4 | | | | | | | 4 | | | | | | |
| 5 | | | | | | | 5 | | | | | | |
| 6 | | | | | | | 6 | | | | | | |
| 7 | | | | | | | 7 | | | | | | |
| 8 | | | | | | | 8 | | | | | | |

任务七

| 市场需求模型(A 在第二市场) | | | | | | | 市场需求模型(B 在第二市场) | | | | | | |
|---|---|---|---|---|---|---|---|---|---|---|---|---|---|
| 决策期 | 需求数 | 价格 | 等级 | 市场占有率 | 广告 | 促销 | 决策期 | 需求数 | 价格 | 等级 | 市场占有率 | 广告 | 促销 |
| 1 | | | | | | | 1 | | | | | | |
| 2 | | | | | | | 2 | | | | | | |
| 3 | | | | | | | 3 | | | | | | |
| 4 | | | | | | | 4 | | | | | | |
| 5 | | | | | | | 5 | | | | | | |
| 6 | | | | | | | 6 | | | | | | |
| 7 | | | | | | | 7 | | | | | | |
| 8 | | | | | | | 8 | | | | | | |

| 市场需求模型(A 在第三市场) | | | | | | | 市场需求模型(B 在第三市场) | | | | | | |
|---|---|---|---|---|---|---|---|---|---|---|---|---|---|
| 决策期 | 需求数 | 价格 | 等级 | 市场占有率 | 广告 | 促销 | 决策期 | 需求数 | 价格 | 等级 | 市场占有率 | 广告 | 促销 |
| 1 | | | | | | | 1 | | | | | | |
| 2 | | | | | | | 2 | | | | | | |
| 3 | | | | | | | 3 | | | | | | |
| 4 | | | | | | | 4 | | | | | | |
| 5 | | | | | | | 5 | | | | | | |
| 6 | | | | | | | 6 | | | | | | |
| 7 | | | | | | | 7 | | | | | | |
| 8 | | | | | | | 8 | | | | | | |

## 4.7.2 建立回归模型

回归分析方法在市场预测分析、企业需求分析等方面应用广泛，但现有的专业分析软件价格昂贵。如何借助于常用的办公软件进行统计分析呢？下面介绍利用 Excel 电子表格进行统计分析的方法。

（1）在工具菜单中通过加载宏加载分析工具库，如图 4-31 所示。

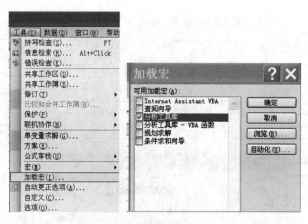

图 4-31 加载宏中的分析工具库

（2）利用数据分析工具进行回归建模。例如对表 4-3 的统计数据进行回归分析，建立需求数与价格、（产品）等级、（上期）市场占有率、广告（费）、促销（费）等的线性回归模型。首先，将表 4-3 的数据输入到 Excel 电子表格中，然后选择 Excel 数据分析工具的回归功能。具体操作如图 4-32、图 4-33 所示。

**表 4-3 B 产品在市场 2 的需求数的数据**

| 决策期 | 需求数 | 价格 | 等级 | 市场占有率 | 广告 | 促销 |
|---|---|---|---|---|---|---|
| 1 | 111 | 4 600 | 1.000 | 0.077 | 10 000 | 10 000 |
| 2 | 121 | 4 600 | 2.000 | 0.077 | 10 000 | 5 000 |
| 3 | 148 | 4 600 | 3.000 | 0.098 | 10 000 | 5 000 |
| 4 | 142 | 4 800 | 4.000 | 0.100 | 10 000 | 20 000 |
| 5 | 207 | 4 600 | 5.000 | 0.096 | 10 000 | 20 000 |
| 6 | 234 | 4 501 | 5.000 | 0.144 | 10 000 | 20 000 |
| 7 | 263 | 4501 | 5.000 | 0.108 | 11 000 | 25 000 |
| 8 | 225 | 4 501 | 5.149 | 0.004 | 10 000 | 25 000 |

图 4-32 选择数据分析工具的回归功能

市场需求模型(B在第二市场)

| 决策期 | 需求数 | 价格 | 等级 | 市场占有率 | 广告 | 促销 |
|---|---|---|---|---|---|---|
| 1 | 111 | 4600 | 1.000 | 0.077 | 10000 | 10000 |
| 2 | 121 | 4600 | 2.000 | 0.077 | 10000 | 5000 |
| 3 | 148 | 4600 | 3.000 | 0.098 | 10000 | 5000 |
| 4 | 142 | 4800 | 4.000 | 0.100 | 10000 | 20000 |
| 5 | 207 | 4600 | 5.000 | 0.096 | 10000 | 20000 |
| 6 | 234 | 4501 | 5.000 | 0.144 | 10000 | 20000 |
| 7 | 263 | 4501 | 5.000 | 0.108 | 11000 | 25000 |
| 8 | 225 | 4501 | 5.149 | 0.004 | 10000 | 25000 |

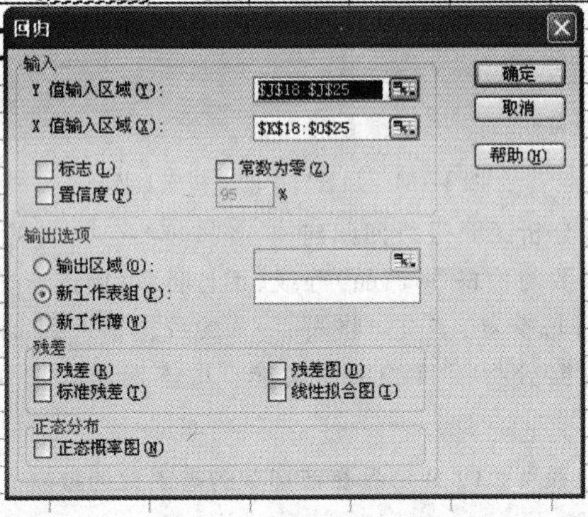

回归

输入

Y 值输入区域(Y): $J$18:$J$25

X 值输入区域(X): $K$18:$O$25

☐ 标志(L)    ☐ 常数为零(Z)
☐ 置信度(F)    95 %

确定
取消
帮助(H)

输出选项
◯ 输出区域(O):
◉ 新工作表组(P):
◯ 新工作簿(W)

残差
☐ 残差(R)    ☐ 残差图(D)
☐ 标准残差(T)    ☐ 线性拟合图(I)

正态分布
☐ 正态概率图(N)

图 4-33    利用回归建模

从图 4-33 可见,本次分析的市场需求数为回归因变量(Y),影响需求数的因素有(产品)价格、(产品)等级、(上期)市场占有率、广告(费)、促销(费)等因素,这些作为回归分析的自变量。当我们在回归建模的功能界面进行设定后,就可以直接得到回归分析结果,如图 4-34 所示。

| | A | B | C | D | E | F | G | H | I |
|---|---|---|---|---|---|---|---|---|---|
| 1 | SUMMARY OUTPUT | | | | | | | | |
| 2 | | | | | | | | | |
| 3 | 回归统计 | | | | | | | | |
| 4 | Multiple R | 0.999768 | | | | | | | |
| 5 | R Square | 0.999535 | | | | | | | |
| 6 | Adjusted R Sq | 0.998374 | | | | | | | |
| 7 | 标准误差 | 2.32425 | | | | | | | |
| 8 | 观测值 | 8 | | | | | | | |
| 9 | | | | | | | | | |
| 10 | 方差分析 | | | | | | | | |
| 11 | | df | SS | MS | F | gnificance F | | | |
| 12 | 回归分析 | 5 | 23243.07 | 4648.614 | 860.514 | 0.001161 | | | |
| 13 | 残差 | 2 | 10.80427 | 5.402137 | | | | | |
| 14 | 总计 | 7 | 23253.88 | | | | | | |
| 15 | | | | | | | | | |
| 16 | | Coefficien | 标准误差 | t Stat | P-value | Lower 95% | Upper 95% | 下限 95.0% | 上限 95.0% |
| 17 | Intercept | 818.142 | 65.70458 | 12.45183 | 0.006388 | 535.4381 | 1100.846 | 535.4381 | 1100.846 |
| 18 | X Variable 1 | -0.22135 | 0.010281 | -21.5311 | 0.00215 | -0.26559 | -0.17712 | -0.26559 | -0.17712 |
| 19 | X Variable 2 | 20.07662 | 1.139273 | 17.62231 | 0.003205 | 15.17473 | 24.97852 | 15.17473 | 24.97852 |
| 20 | X Variable 3 | 137.6491 | 25.09769 | 5.484531 | 0.031674 | 29.66242 | 245.6357 | 29.66242 | 245.6357 |
| 21 | X Variable 4 | 0.026606 | 0.003138 | 8.478263 | 0.013628 | 0.013104 | 0.040108 | 0.013104 | 0.040108 |
| 22 | X Variable 5 | 0.00133 | 0.000228 | 5.838507 | 0.028105 | 0.00035 | 0.002311 | 0.00035 | 0.002311 |
| 23 | | | | | | | | | |

图 4-34    回归分析结果

根据图4-34，我们得出市场需求量与（产品）价格、（产品）等级、（上期）市场占有率、广告（费）、促销（费）的回归方程为

$$（市场）需求数（Y）=818.142-0.221\ 35×（产品）价格+$$
$$20.076\ 62×（产品）等级+$$
$$137.649\ 1×（上期）市场占有率+$$
$$0.002\ 660\ 8×广告（费）+$$
$$0.001\ 33×促销（费）$$

> **警示**
>
> 从图4-34的回归结果可以看出，（市场）需求数与（产品）价格成反比，与（产品）等级、（上期）市场占有率、广告（费）、促销（费）成正比。但是上述模型中需求数与促销（费）的关系很弱，这可能是由于促销（费）没有完全发挥效用造成的。

该回归方程可以作为未来进行市场需求的模型，为公司下一步决策提供决策参考。

例如：下期产品 B 在市场2的定价为4700，产品等级为5.1，上期市场占有率为0.11，本期广告费为3300元，促销费为4900元。根据上述回归方程可预测下期的市场2对产品 B 的需求数（Y）的计算公式为

$$Y=818.142-0.22135×4700+20.07662×5.1+137.6491×$$
$$0.11+0.0026608×3300-0.00133×4900$$
$$=102.47$$

### 4.7.3 任务要求

（1）根据公司经营的历史数据，将产品 A 和 B 在各决策期的数据填入表4-2中，利用线性回归分析方法，分别建立产品 A 和 B 在各个市场的需求量预测模型，并且根据回归模型预测下一期的需求量。要求提交文件名为：组名+市场需求量预测模型.xls。

注意：如果有些数据项没有变化，如有些企业广告费、促销费每期相同，则应在回归自变量中，将没有变化的数据项删除。

（2）完成时间要求为2小时以内。

（3）利用预测模型，分析下一期对本公司产品的市场需要，制定第八次决策并提交。

### 4.7.4 回归分析的显著性检验

> **归纳思考**
>
> 回归分析中，$t$-检验是检验单个参数的显著性，而 $F$-检验是检验整体参数的显著性。通过 $t$-检验说明被检验的参数是显著有效的，通过 $F$-检验说明整体参数中至少有一个是显著的，但不一定都显著。$F$-检验是检验解释变量

（自变量）与被解释变量（因变量）总体的线性关系（对线性模型而言），$t$-检验是检验单个解释变量对被解释变量的解释能力，如果不能通过 $t$-检验，则说明该解释变量对被解释变量的解释作用不大，应该在模型中剔除。

利用 Excel 的数据分析进行回归，可以得到一系列数据（见图 4-34）。图 4-33 给出了市场需求量的影响因素的数据表。利用数据分析工具得到的回归结果（见图 4-34），我们称之为回归结果摘要（Summary Output），具体包括三部分内容，下面一一进行说明。

· 第一部分：回归统计表。

这一部分（见图 3-34 上部分）给出了相关系数、测定系数、校正测定系数，对这些信息逐行说明如下：

① Multiple R 对应的数值是相关系数（Correlation Coefficient），即 R＝0.999 768；

② R Square 对应的数值为测定系数（Determination Coefficient），或称拟合优度（Goodness of Fit），它是相关系数的平方，即有 $R^2$＝0.999 535；

③ Adjusted R Square 对应的是校正测定系数（Adjusted Determination Coefficient），具体数字为 0.998 374；

④ 标准误差（Standard Error）的具体数值为 2.324 25；

⑤ 最后一行是观测值，它对应的是样本数目，具体数值为 8。

· 第二部分：方差分析表。

方差分析部分包括自由度、误差平方和、均方差、F 列、P 列等（见图 4-34 中间部分）。下面逐列、分行说明。

方差分析表中的第一项指标为 df，它对应的是自由度（Degree of Freedom）。第二项指标 SS 为误差平方和，或称变差。

方差分析表中第一行的 df 列是回归自由度（dfr），等于变量数目，即 dfr＝$m$；第一行的 SS 列为回归平方和，或称回归变差（SSr），它表征的是因变量的预测值对其平均值的总偏差。

方差分析表中第二行的 df 列为残差自由度（dfe），等于样本数目减去变量数目再减 1，即 dfe＝$n-m-1$；第二行的 SS 列为剩余平方和（也称残差平方和），或称剩余变差（SSe），它表征的是因变量对其预测值的总偏差，这个数值越大，意味着拟合的效果越差。上述的标准误差即由 SSe 给出。

方差分析表中第三行的 df 列为总自由度（dft），等于样本数目减 1，即有 dft＝$n-1$。本例中，变量数目 $m$＝5，样本数目 $n$＝8，因此，dfr＝5，dfe＝$n-m-1$＝2，dft＝$n-1$＝7。第三行的 SS 列为总平方和，或称总变差（SSt），它表示的是因变量对其平均值的总偏差。而测定系数就是回归平方和在总平方和中所占的比重，显然这个数值越大，拟合的效果就越好。

方差分析表中 MS 列对应的是均方差，它是误差平方和除以相应的自由度得到的商。第一行的 MS 列为回归均方差（MSr）；第二行的 MS 列为剩余均方差（MSe），显然这个数值越小，拟合的效果就越好。

方差分析表中 F 列对应的值是 $F$ 统计量的数值，用于评价回归方程的显著性。

方差分析表中 Significance F 列对应的是在 $\alpha = 0.05$ 的显著水平下的 $F_a$ 临界值，这里用 $P$ 代表，即弃真概率。所谓"弃真概率"，即模型为假的概率，显然 $1-P$ 便是模型为真的概率。可见，$P$ 值越小越好。对于本例，$P = 0.001161$，故置信度达到 95% 以上。

· 第三部分，回归参数表。

回归参数表包括回归模型的截距、斜率及其有关的检验参数（见图 4-34 下部分）。

第一列 Coefficients 对应模型的回归系数，由图可见回归方程参数如下：截距为 818.142，产品价格（X1）的斜率为 -0.221 35，产品等级（X2）的斜率为 20.076 62，上期市场占有率（X3）的斜率为 137.649 1，广告费（X4）的斜率为 0.026 606，促销费（X5）的斜率为 -0.001 33，由此可以建立回归模型。

第二列为回归系数的标准误差（用 $s$ 表示），误差值越小，表明参数的精确度越高。这个参数较少使用，只是在一些特别的场合出现。不常使用标准误差的原因在于：其统计信息已经包含在 $t$-检验中。

第三列 t Stat 对应的是统计量 $t$ 值，用于对模型参数的检验，需要查表才能决定。$t$ 值是回归系数与其标准误差的比值，对于一元线性回归，$F$ 值与 $t$ 值都与相关系数 R 等价，因此，相关系数检验就已包含了这部分信息。但是，对于多元线性回归，t 检验就不可缺省了。

第四列 P-value 对应的是参数的 $P$ 值（双侧检验）。当 $P < 0.05$ 时，可以认为模型在 $\alpha = 0.05$ 的水平上显著，或者置信度达到 95%；当 $P < 0.01$ 时，可以认为模型在 $\alpha = 0.01$ 的水平上显著，或者置信度达到 99%；当 $P < 0.001$ 时，可以认为模型在 $\alpha = 0.001$ 的水平上显著，或者置信度达到 99.9%。对于本例，产品价格的回归系数检验的 $P = 0.002 15$，小于 0.05，故可认为在 $\alpha = 0.05$ 的水平上显著，或者置信度达到 95%。$P$ 值检验与 $t$ 值检验是等价的，但 $P$ 值不用查表，显然要方便得多。

最后几列给出了回归系数以 95% 为置信区间的上限和下限。可以看出，在 $\alpha = 0.05$ 的显著水平上，截距的变化下限和上限为 535.438 1 和 1 100.846，产品价格斜率的变化极限则为 -0.265 59 和 -0.177 12，其余以此类推。

通过上述统计检验数据，我们可以确定：利用 Excel 建立的统计回归模型通过了 $F$-检验和 $t$-检验，因此，上述回归模型是可靠的，预测结果是可信的。

## 4.7.5 学习工单和自评报告

### 学 习 工 单

| 班级 | | 组别 | |
|---|---|---|---|
| 组员 | | 指导教师 | |

| 学习单元 | 建立市场需求预测模型 |
|---|---|
| 工作任务 | 利用 Excel 工具，制作市场需求预测模型，进行模型检验 |
| 任务描述 | 1. 利用各期经营数据，整理市场需求的数据样本；<br>2. 利用整理的数据，制作市场需求预测模型；<br>3. 分析并计算出各回归参数的 $t$ 统计量，指出其代表的内涵；<br>4. 如果置信度为 90%，分析制作的回归模型能否通过 $t$-检验 |
| 前期准备 | 1. 上网查阅各期市场经营的数据；<br>2. 进行相关章节的网络学习 |
| 任务实施 | 1. 查看各期经营数据；<br>2. 利用 Excel 制作市场需求预测模型；<br>3. 利用已有数据计算出各回归参数；<br>4. 分析对应的 $t$ 统计量，检验回归模型的可信度；<br>5. 总结归纳；<br>6. 进行自评测试 |
| 学习总结与心得 | 1. 市场预测模型制作的总结；<br>2. 自评的情况；<br>3. 谈一下你对预测模型的看法；<br>4. 利用预测模型，预测下期的市场 |

| 考核与评价 | 按照自评报告进行考核 | | |
|---|---|---|---|
| | 考核成绩 | | |
| | 教师签名 | | 日期 | |

# 自 评 报 告

学号：_____　　　姓名：_____　　　班级：_____

| 评分项目 | 要　　求 | 得分 |
|---|---|---|
| 回归模型<br>（总分：30 分） | 谈一下回归模型在市场预测过程中的作用。<br><br><br><br><br><br><br><br> | |
| 模型检验<br>（总分：20 分） | $t$-检验有什么作用？<br><br><br><br><br><br><br><br> | |
| 学习总结<br>（总分：50 分） | <br><br><br><br><br><br><br><br><br><br><br><br><br><br><br><br><br><br> | |

## 4.8 任务八：预测分析与实训总结

**本节重点**

· 趋势线预测方法；

· 实训总结与汇报。

**本节难点**

· 根据实际选择并添加趋势线；

· 利用图表分析说明经验和教训。

**本节学时数** 6 学时

**本节学习目的或要求**

· 掌握建立图表趋势线的方法，并利用趋势线进行预测；

· 小组各成员分析自己角色的工作内容，形成总结报告并进行汇报。

### 4.8.1 任务要求

(1) 整理本公司已经进行的前期决策模拟数据（如表 4-4 所示），反映市场需求量与价格之间的相关关系，分析市场需求与定价的关系模型。

表 4-4 产品 A 在市场 1 的价格与市场需求数据

| 产品 A 在市场 1 的价格 | 市场 1 的需求量 |
|---|---|
| 2100 | 200 |
| 2000 | 309 |
| 2150 | 288 |
| 2400 | 149 |
| 2250 | 274 |
| 2350 | 215 |
| 2450 | 135 |
| 2500 | 129 |
| 2600 | 120 |

**提示**

表 4-4 中的数据，价格与需求量的关系是：随着价格降低，需求量增加。

（2）利用 Excel 表中的画图工具进行相关模型分析，方法如下：

① 画出价格与市场需求量的折线图，操作步骤可参考图 4-35～图 4-38。

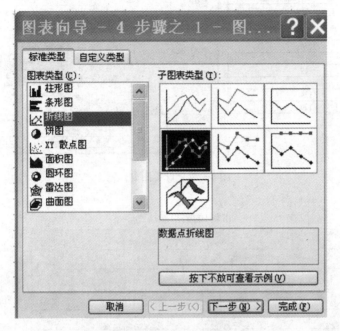

图 4-35　Excel 中的折线图工具

图 4-36 给出了产品 A 在市场 1 的价格与市场需求的数据，我们可以利用折线图来反映市场需求随产品价格的变化情况。

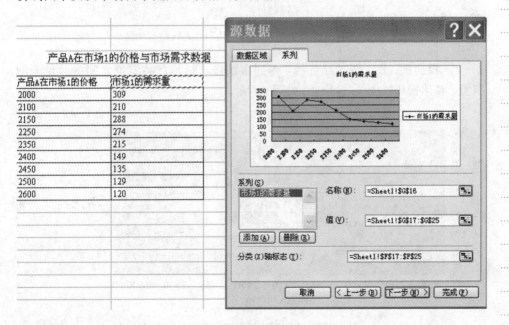

| 产品A在市场1的价格 | 市场1的需求量 |
|---|---|
| 2000 | 309 |
| 2100 | 210 |
| 2150 | 288 |
| 2250 | 274 |
| 2350 | 215 |
| 2400 | 149 |
| 2450 | 135 |
| 2500 | 129 |
| 2600 | 120 |

图 4-36　选择折线图工具中的 X 和 Y 系列

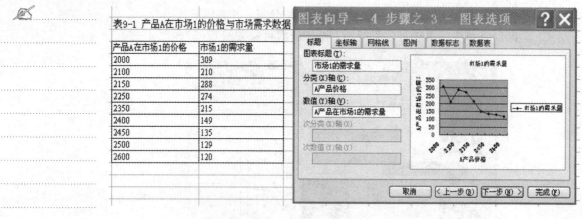

表9-1 产品A在市场1的价格与市场需求数据

| 产品A在市场1的价格 | 市场1的需求量 |
| --- | --- |
| 2000 | 309 |
| 2100 | 210 |
| 2150 | 288 |
| 2250 | 274 |
| 2350 | 215 |
| 2400 | 149 |
| 2450 | 135 |
| 2500 | 129 |
| 2600 | 120 |

图4-37 设置图表标题

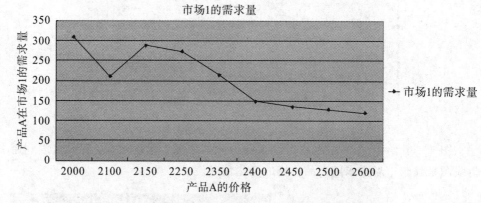

图4-38 形成市场需求与产品定价之间的折线图

② 根据折线图，添加趋势线，得到市场需求量与产品定价之间的线性预测模型，具体操作如图4-39~图4-41所示。

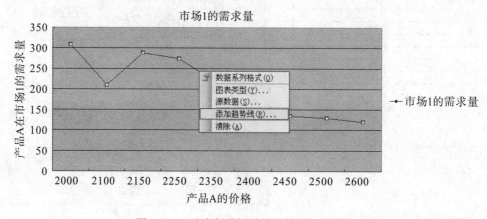

图4-39 选中折线图并按右键添加趋势线

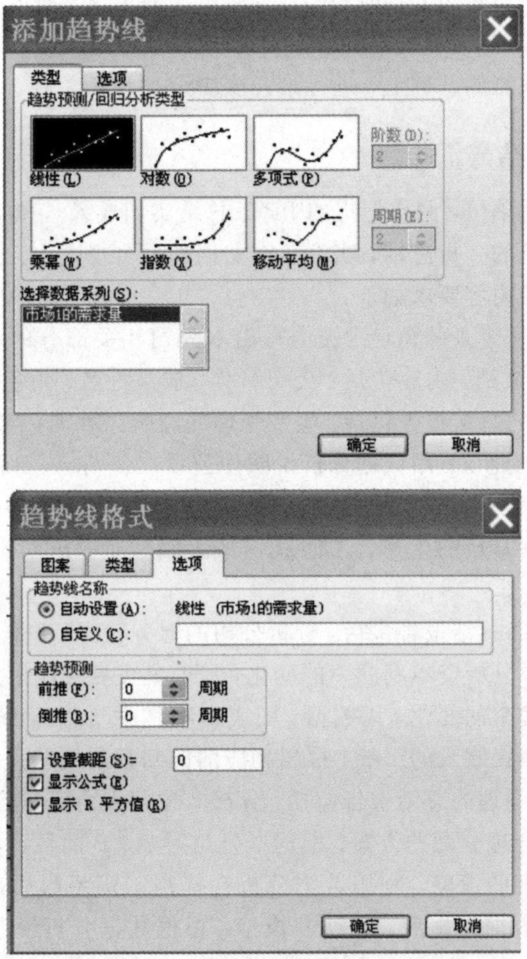

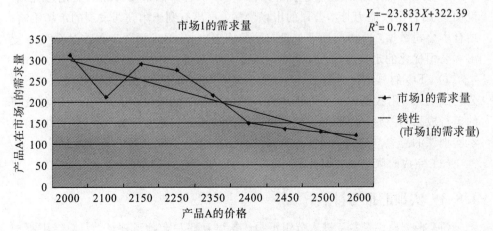

图 4-40 选择并设置线性趋势线

$$Y = -23.833X + 322.39$$
$$R^2 = 0.7817$$

图 4-41 得到定价与需求量的线性预测方程

从图 4-41 可得产品 A 的定价与产品 A 在市场 1 需求量的线性预测方程为

$$Y(需求量) = -23.833 \times 定价(X) + 322.39$$

（3）根据你公司建立的预测模型，分析市场需求与定价的关系，分析产品 A 的定价为 2400 元时，在不同市场的市场需求。

（4）在分析预测的基础上，进行第九次决策。

## 4.8.2 实训总结与汇报

（1）以小组为单位，制作汇报的 PPT（总结实训成果），要求每人根据角色不同，进行对应角色的分析总结，实训总结文档的命名规则为：组名＋汇报.ppt。

（2）具体总结内容要求如下：

① 要求根据每个人的角色分工，写出本公司相关部分的实习总结，最后合成一个 PPT 总结文档。内容包括：公司名称、成员姓名、角色分工等。

② 生产经理的总结报告包括：生产管理的经验与教训；结合经营现状，提出的合理安排生产的建议；用数据分析说明你公司在各期 A、B 两种产品中的成本构成（可以用饼图表示，成本构成中的项目应该结合公司会计项目列出）；说明如何合理安排产品 A、B 的生产，才能获得最大收益；提出对本实训课的感想与建议。

③ 财务经理的总结报告包括：分析公司的财务状况，并利用数据、图表等形式表现变化趋势；分析资本利润率的变化，研究其主要影响因素，要求有定量分析；分析人均利润率的变化，用数据、图表说明其主要影响因素；分析定价、机器、人员对产品销售收入的影响，推出相应的回归预测模型。

④ 人力资源经理的总结报告包括：分析本公司人力资源管理的经验与教训，提出机器与人工合理分配的方案；根据本公司对 A、B 两种产品的方案，提出本公司人力资源管理的策略；利用数据分析在提高工资系数后，废品率的变化趋势，要求将各期数据列出后，做回归模型；根据数据分析说明提高工资带来的好处。

⑤ 营销经理的总结报告包括：分析 A、B 两种产品市场份额的变化（用图表说明）；结合生产能力与本公司的市场份额，提出有利于本公司发展的市场策略；结合本公司数据，分析市场需求量与哪些因素有关（要求用图表和数据说明）；提出本公司优化的定价方案。

⑥ CEO 的总结报告包括：对比分析本公司与其他公司的历史数据，分析本公司成功点，用数据说明并分析本公司经营过程中的败笔；分析比较与其他公司的运行成果的差别，用数据说明可以改进的决策点，要求至少 5 条以上；提出对本实训课的感想与建议，谈谈本公司的分工配合是否可以进一步优化。

（3）完成时限为 2 小时。

## 4.8.3 实训汇报与排名

（1）根据总结文档，进入分组汇报、各组互评和老师点评环节。总结汇报成绩计入实训平时成绩。

（2）在总结基础上，进行最后一次决策，即提交第十次决策。实训考核根据各公司最后一期决策模拟的排序计入成绩。

## 4.8.4 学习工单和自评报告

### 学 习 工 单

| 班级 | | 组别 | |
|---|---|---|---|
| 组员 | | 指导教师 | |
| 学习单元 | 实训总结、企业文化形成及总结 | | |
| 工作任务 | 以小组为单位，总结实训收获，提炼本公司的企业文化 | | |
| 任务描述 | 1. 本次实训总结；<br><br>2. 企业文化的 5 大要素；<br><br>3. 总结提炼本公司的文化要素；<br><br>4. 形成本公司企业文化的标志、口号等 | | |
| 前期准备 | 1. 学习美国管理学家迪尔和肯尼迪的《企业文化——现代企业的精神支柱》；<br><br>2. 学习学校优秀公司的相关案例 | | |
| 任务实施 | 1. 总结本次实训的收获；<br><br>2. 分析公司环境；<br><br>3. 总结公司价值观；<br><br>4. 提炼本公司企业文化的支柱；<br><br>5. 分析公司内聚力的文化因素；<br><br>6. 企业氛围 | | |
| 学习总结与心得 | 1. 本次实训的总结与心得体会；<br><br>2. 用一句话总结本公司企业文化；<br><br>3. 分析企业文化对企业经营决策的影响；<br><br>4. 分析企业文化在企业生存周期中的作用与意义；<br><br>5. 不同企业文化的比较分析 | | |
| 考核与评价 | 按照自评表考核 | | |
| | 考核成绩 | | |
| | 教师签名 | | 日期 | |

第4章练习题

# 自 评 报 告

学号：＿＿＿＿＿＿＿　　　姓名：＿＿＿＿＿＿＿　　　班级：＿＿＿＿＿＿＿

| 评分项目 | 要　　求 | 得分 |
|---|---|---|
| 企业决策模拟实战<br>（总分：30 分） | 谈一下企业决策的重要性。 | |
| 企业文化<br>（总分：20 分） | 谈一谈企业文化的五要素。 | |
| 学习总结<br>（总分：50 分） | | |

# 第 5 章

# 通信企业模拟经营系统

**本章重点**

·通信企业模拟经营的过程；

·通信企业模拟经营软件系统的使用；

·决策制定的步骤和方法；

·决策结果分析的主要内容。

**本章难点**

·通信企业模拟经营的规则；

·通信企业模拟决策过程。

**课程思政**

·在企业模拟经营过程中，引导学生树立开拓、创新意识；

·在规则的讲解过程中，引导学生遵守规范，树立良好的职业道德；

·在企业模拟经营过程中，让学生掌握每个岗位的决策责任，培养学生爱岗敬业、尽职尽责的工匠精神。

**本章学时数**　6 学时

**本章学习目的或要求**

·结合之前章节学习的决策模拟的方法，进行通信企业模拟经营实战。

·掌握在通信企业模拟经营平台上分析和制定决策的方法。

## 5.1 系统介绍

### 5.1.1 基本功能

通信企业模拟经营系统是一套由石家庄邮电职业技术学院和河北唐讯信息技术有限公司合作开发的软件系统，主要用于企业经营决策管理教学，为广大学习者免费开放。本系统可以模拟通信企业日常经营中的人员管理、资金管理、生产管理、销售管理、业务研发、广告促销等各项管理工作中的主要活动，系统的管理和使用可访问网址 http://www.busimu-corp.com。开设相关课程的学校或老师可采用在平台上增加赛区的形式，独立进行企业经营模拟教学。新建赛区（免费）可联系平台上的技术负责人。

本系统可作为通信等相关企业经营管理人员职业能力提高的培训环境，也可作为在校大学生企业经营管理的模拟实训环境。使用本系统进行企业培训，对于提升通信企业管理人员和业务人员的竞争意识、成本意识和提高业务竞争决策水平，具有促进作用。使用本系统开展学生的实训课程，可以使学生身在校园，却能亲身体验通信企业经营管理的全过程，为在校大学生提供"不出校门，体验通信经营管理决策实战"的实训环境。

使用模拟系统开展实训课，能培养大学生运用理论知识和技能，在全仿真、高模拟环境中解决企业经营问题的能力。学生在使用本系统的过程中，升华所学理论知识，培养管理和运营企业的能力。学校组织学生使用仿真系统开展实训课程，可以不受企业真实场地有限等条件的限制，实训时间安排上也能采用符合学生学习习惯的计划，并可以根据学生学习情况及时调整，使学生更好地体验企业经营管理。

本系统模拟企业经营管理工作的五个方面，具体介绍如下：

（1）人员管理。人员管理包括企业人员正常退休、新员工雇佣和员工培训等。企业按照正常规律每年都会有员工退休，为弥补人员缺口，企业每年都需要招募新员工。通信企业从业人员需要追踪通信技术的发展和学习新业务，这都要求企业通过培训提高员工技术水平和工作能力，而每年新入职的新员工对于工作相关的知识和技能的学习就更是必不可少。

（2）资金管理。资金管理包括企业流动资金的分配使用，以及资金不足时的贷款等。资金是企业经营管理的关键，流动资金断裂会导致一个企业破产，每个企业生存的关键是必须控制好企业的资金流。资金主要用在人员雇佣、材料购买和设备采购等方面，也包括缴税、研发投入、广告促销等。

（3）生产管理。生产管理指的是通信设备、材料、人员的分配使用方案。方案要根据企业计划推向市场的通信业务的种类和数量制定。每种通信业务所需设备、人员、材料等资源各不相同，即使是同一业务。企业根据经营策略和市场情况，确定每种业务投入的设备、材料和人员数量。

（4）销售管理。系统根据比赛设置，对于每种产品在每个销售地模拟了一个成熟市场环境，市场需求是在不断发展变化的，各期一般均不相同。销售管理是根据市场情况和企业自身能力，确定各地投入业务的种类和数量。当某地某业务需求量飞速增长时，企业就应提高该业务在该地的销售量。根据企业经营策略和市场情况，结合企业自身资源，确定业务价格和广告费。

（5）业务研发。企业在市场竞争中，通过研发提高服务质量是获得竞争优势的途径之一。研发资金的投入和服务质量的提升是需要一个过程的，不断提高企业的研发投入可以提高服务质量，提升客户满意度，获取更大市场份额。

## 5.1.2　系统结构

本系统采用浏览器/服务器结构，方便用户使用，也便于系统的部署、维护和升级。本系统的开发工作集中于服务器。本系统采用 JSP 技术实现系统的界面，采用 JavaBean 等技术实现系统的业务逻辑层；为了方便数据操作，实现数据访问层，本系统 V1.0 版采用开源数据库 MySQL。本系统组成结构见图5-1。

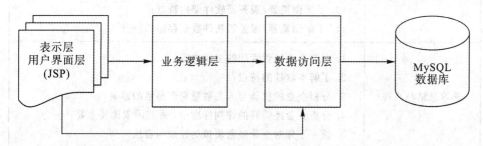

图 5-1　系统结构图

本系统的使用者分为三种：超级管理员、赛区管理员、参赛队。其中，超级管理员负责整个软件系统的参数设置等管理工作；赛区管理员负责赛区的创建、比赛的启动、比赛进入下一轮、比赛返回上一轮、赛区重置等操作；参赛队负责按照角色分工安排人员、分析市场情况、分析企业情况、制定决策、分析比赛结果等。

每个角色都有其专用的操作界面，界面上包括各自的功能菜单及菜单项。

## 5.1.3　学习工单和自评报告

### 学习工单

| 班级 | | 组别 | |
|---|---|---|---|
| 组员 | | 指导教师 | |
| 学习单元 | 通信企业模拟经营系统的功能和结构 | | |
| 工作任务 | 登录通信企业模拟经营系统，浏览软件功能介绍，了解该软件的主要功能 | | |
| 任务描述 | 1. 登录通信企业模拟经营系统，阅读用户使用须知；<br>2. 登录网站学习该软件系统的五大主要基本功能，包括人员管理、资金管理、生产管理、销售管理、业务研发；<br>3. 了解本系统所采用的浏览器/服务器在数据存储等方面的特点；<br>4. 完成自评表，进行自主考核 | | |

续表

| 前期准备 | 1. 上网查找本系统的网址；<br>2. 复习企业经营管理和企业经营决策的主要内容 |
|---|---|
| 任务实施 | 1. 登录本系统；<br>2. 阅读软件的使用须知；<br>3. 通过网站学习软件的基本功能；<br>4. 通过本软件预习企业经营管理中的人员管理的主要内容；<br>5. 通过本软件预习企业经营管理中的资金管理的主要内容；<br>6. 通过本软件预习企业经营管理中的生产管理的主要内容；<br>7. 通过本软件预习企业经营管理中的销售管理的主要内容；<br>8. 通过本软件预习企业经营管理中的业务研发的主要内容；<br>9. 通过上网查询学习企业经营管理中的其他管理的内容；<br>10. 了解浏览器/服务器软件架构特点；<br>11. 了解浏览器/服务器软件数据存储的特点 |
| 学习总结与心得 | 1. 列举企业经营管理的主要内容；<br>2. 了解本软件的特点；<br>3. 分析企业的机器与人工数量对产品量的影响；<br>4. 分析企业经营好的评判标准中，哪些因素比较重要；<br>5. 谈一下你对企业经营模拟的建议与看法 |

| 考核与评价 | 按照自评表考核 | | |
|---|---|---|---|
| | 考核成绩 | | |
| | 教师签名 | | 日期 |

## 自 评 报 告

学号：_____　　　姓名：_____　　　班级：_____

| 评分项目 | 要　　求 | 得分 |
|---|---|---|
| 企业模拟经营<br>网站的查找方法<br>（总分：10 分） | 　使用网页搜索引擎，通过哪些关键词可以查找到企业模拟经营网站？<br><br>_____<br><br>_____ | |
| 企业模拟经营软件<br>（总分：10 分） | 　请简要介绍本企业模拟经营软件。 | |
| 企业模拟经营<br>软件的组成架构<br>（总分：10 分） | 　简述企业模拟经营软件所采用的浏览器/服务器架构的特点。<br><br>_____<br><br>_____ | |

续表

| 评分项目 | 要　求 | 得分 |
|---|---|---|
| 企业模拟经营软件的数据存储形式（总分：10分） | 简要介绍 MySQL 数据库。<br>_____<br>_____ | |
| 企业模拟经营软件的主要功能（总分：20分，每项 4 分） | 简述本企业模拟经营软件的五项主要功能：<br>1. _____<br>2. _____<br>3. _____<br>4. _____<br>5. _____ | |
| 企业模拟经营的意义（总分：10分） | 简述企业模拟经营的意义<br>_____<br>_____<br>_____<br>_____<br>_____ | |
| 学习总结（总分：30分） | 企业模拟经营对于自己学习的作用。<br>_____<br>_____<br>_____<br>_____<br>_____ | |

## 5.2　比赛规则

具体比赛规则会随着系统升级不断优化，规则会在网站上及时发布。下面的规则主要以通信运营服务企业为例进行介绍。有关通信企业的具体规则可详见网站。

### 5.2.1　主要模块的运行规则

本系统中市场是各个企业电信业务的竞技场，系统模拟通信业务的市场环境。在市场中，企业行为需遵循市场规律运作，这些市场规律源于实际通信市场。市场经济环境中，市场对资源配置起决定性作用，企业采购设备、器材数量越大，获得的市场折扣越高，质量越好，这些市场规律也同样体现在本系统中。每种业务都需要使用设备、人员、材料。

**1. 财务规则**

资金管理包括资金的筹集、资金的计划、资金的支配和使用、债务本息的偿还等。对于企业，其采购、生产、销售等活动使用的资金都要自觉遵循资金使用规则，才能正常使用资金，避免发生资金问题。用户登录后，在系统界面上可以

通信企业模拟经营比赛规则

看到企业流动资金。

企业提供电信服务需要使用设备，这就要求企业根据自身需要购买足够数量的设备。第一期购买设备，第二期安装、配置和调试设备，第三期才可以正常使用设备。设备 100 000 元/台，折旧费为 5000 元（期·台），设备维修费为 300 元（期·台）。

通信企业每期每种业务的管理费为 5000 元（包含材料储备费、办公费等）。

业务的开展不但需要设备也需要材料，并且每种业务的开通需要消耗一定数量和种类的材料。每种业务销售出去后，安装维修的材料才会被一次性全部使用，否则会储存在企业的仓库。

人员的基本工资需要在每期末支出。企业每雇佣一名员工就要按时支付工资。

每个企业正常经营需要按时缴税。设备和材料购置的报价含税，不需重复缴税。企业需要按照利润的 3% 缴税。

整个公司的资金管理由财务经理负责，并在每期期末向公司全部人员汇报资金情况。

企业资金不足时，可以通过贷款解决。贷款额度上限可以在系统查询，每次贷款后，贷款额度就会减少，如果贷款额度全部使用完，再遇到资金不足问题时，企业就不可以贷款了。贷款每期利息 2%，每期期末自动偿还本金和利息。

### 2. 人力规则

企业每期会有 3% 的员工到达退休年龄，自然退休，提交解雇人数中不但包括主动解雇人员，还应包含企业自然退休人员。

解雇或解聘相关人员需给付一次性解雇费用，安装维护人员一次性支付费用 10 000 元/人，管理人员一次性支付费用 20 000 元/人。

每期雇佣新员工数不得超过原有员工总数的 50%，本期雇佣的新员工工作效率按照 1/4 个员工计算。

新员工入职的第 1 期需要参加培训，培训费的标准分为两种：维护人员每期 500 元/人，管理人员每期 1000 元/人。

不同人员的工资不同，主要分为两类，安装维护人员工资 9000 元（人·期），管理人员工资 12 000 元（人·期）。

每个决策期包含三个自然月。

人员管理可由人力经理直接负责，并在每期比赛期末向公司全部人员汇报公司人员情况。

> **重点掌握**
> 人员数量和结构要与企业经营情况相当。人员过多超出企业需要，会造成企业人力成本负担过重；人员不足会造成业务服务数量不足。因此要合理控制企业人员数量。本系统中，人员分为管理人员和维护人员两种。

### 3. 供应链规则

本模拟系统可以模拟通信企业的两种业务：宽带业务和话音业务。每个企业的每个业务所消耗的资源数量因业务种类各不相同。

宽带业务耗材每套 100 元，话音业务耗材每套 30 元。本期购买的耗材只能使用 90%，耗材满 100 套优惠 1%，满 500 套优惠 3%，满 1000 套优惠 5%。

企业根据设备数、材料数、装维人员数和管理人员数，结合企业市场计划，参考每项业务的资源使用量，确定企业的各业务资源分配计划。业务的资源使用量见表 5-1。

**表 5-1 业务资源用量表**

| 序号 | 业务名称 | 设备/台 | 材料/套 | 装维人员/人 | 管理人员/人 |
|------|----------|---------|---------|-------------|-------------|
| 1 | 初级宽带业务 | 0.02 | 1.01 | 0.01 | 0.001 |
| 2 | 中级宽带业务 | 0.05 | 1.01 | 0.02 | 0.002 |
| 3 | 高级宽带业务 | 0.1 | 1.01 | 0.04 | 0.005 |
| 4 | 固定话音业务 | 0.01 | 1.01 | 0.01 | 0.001 |
| 5 | 移动话音业务 | 0.001 | 1.01 | 0.02 | 0.002 |

企业的资源安排由供应链经理负责，每期期末向项目经理及公司全部人员汇报资源分配情况。

**4. 研发规则**

研发费用投入适度的情况下，产品质量等级得到提升，这会提高此业务的市场占有率。话音业务和宽带业务均分为九个等级，一级为基本级别。前三级研发费用见表 5-2。

**表 5-2 业务研发费用表**

| 序号 | 业务种类 | 一级/元 | 二级/元 | 三级/元 | 备注 |
|------|----------|---------|---------|---------|------|
| 1 | 固定话音业务 | 100 000 | 200 000 | 300 000 | |
| 2 | 移动话音业务 | 200 000 | 400 000 | 600 000 | |
| 3 | 初级宽带业务 | 150 000 | 300 000 | 450 000 | |
| 4 | 中级宽带业务 | 300 000 | 600 000 | 900 000 | |
| 5 | 高级宽带业务 | 450 000 | 900 000 | 1 350 000 | |

研发需要循序渐进，研发费用的投入，每期最多提升一个级别。每种业务的研发存在很大区别，研发费用需要按照不同业务分别投入。前三级时，研发费每投入 100 000 元，提升一级。固定话音业务超过三级以后，按照各企业研发投入每增加 300 000 元提升一级。移动话音业务超过三级以后，按照各企业研发投入每增加 600 000 元提升一级，以此类推。

企业需要分析各个企业产品质量等级，适当投入研发费，以保证各业务的质量级别不低于业界平均水平。研发费的投入达到一定额度后，可以提升业务质量等级，质量等级会直接影响市场占有率。

研发经理负责企业的研发管理，每期期末向项目经理及公司全部人员汇报研发情况。

**5. 生产规则**

企业根据自己拥有的机器数、材料数和人员数量，结合企业市场计划，确定企业的各业务资源分配计划，具体见表5-1。

企业的生产安排由生产经理负责，每期期末向项目经理及公司全部人员汇报生产情况。

**6. 市场规则**

在本模拟系统中，销售管理的主要工作是分析和预测各业务的市场需求，分析本企业和其他企业相比较的优、缺点。这些都是制定企业决策的必要前提，也是销售管理的必备条件。市场平均增长率受市场各种因素长期或短期影响，也会产生时间或长或短、幅度或大或小的波动。

企业上期销售情况包括市场占有率、利润额。

制定的销售计划见表5-3。

表5-3 销售计划

| 序号 | 业务种类 | 业务定价/元 | 计划销售数量 | 备注 |
|------|----------|-------------|--------------|------|
| 1 | 初级宽带业务 | 200 | 10 | |
| 2 | 中级宽带业务 | 400 | 20 | |
| 3 | 高级宽带业务 | 800 | 25 | |
| 4 | 固定话音业务 | 60 | 30 | |
| 5 | 移动话音业务 | 120 | 50 | |

销售管理由市场经理负责，每期期末向项目经理及公司全部人员汇报销售情况。

## 5.2.2 业务规则

**1. 业务竞争力**

本系统在计算每期各企业的市场占有率时，需要先计算业务竞争力。业务竞争力系数主要由产品等级、产品价格、上期市场占有率、广告费和促销费等因素决定。

对于初级宽带业务、中级宽带业务、高级宽带业务、固定话音业务、移动话音业务，其各要素的权重因子的取值存在区别，见表5-4。

表5-4 产品的竞争力权重表

| 序号 | 业务种类 | 产品等级 | 产品价格 | 上期市场占有率 | 广告费 | 促销费 |
|------|----------|----------|----------|----------------|--------|--------|
| 1 | 初级宽带业务 | 0.45 | 0.3 | 0.15 | 0.05 | 0.05 |
| 2 | 中级宽带业务 | 0.5 | 0.15 | 0.25 | 0.05 | 0.05 |
| 3 | 高级宽带业务 | 0.5 | 0.2 | 0.1 | 0.1 | 0.1 |
| 4 | 固定话音业务 | 0.3 | 0.4 | 0.1 | 0.1 | 0.1 |
| 5 | 移动话音业务 | 0.4 | 0.2 | 0.2 | 0.1 | 0.1 |

产品价格、上期市场占有率、广告费、促销费、产品等级可以直接查询获得。

**2. 业务资源使用规则**

本模拟系统中，宽带业务的产品量由宽带设备、装维人员、装维器材、管理人员、运维成本五个因素决定，单位宽带业务资源投入值见表5-1。

本模拟系统中，话音业务的产品量由网络设施、装维人员、装维耗材、管理人员、运维成本五个因素决定，单位话音业务资源投入值见表5-1。

在本模拟系统中，要想取得成功，需要不断提高企业盈利能力，只有这样才能获得企业在市场中的竞争优势。

在企业资金允许的前提下，应合理地采购、管理和使用各种资源，完成各资源的优化配置和优化使用。

## 5.2.3 学习工单和自评报告

### 学 习 工 单

| 班级 | | 组别 | |
|---|---|---|---|
| 组员 | | 指导教师 | |
| 学习单元 | 企业模拟经营的比赛规则 | | |
| 工作任务 | 在网站上进行比赛规则学习 | | |
| 任务描述 | 1. 查找企业模拟经营比赛的网址；<br>2. 阅读比赛规则；<br>3. 查找比赛规则中的难点，并在课堂上提出；<br>4. 完成自评表，进行自主考核 | | |
| 前期准备 | 1. 上网找到比赛规则，阅读比赛规则；<br>2. 对照比赛过程及内容，分析比赛规则 | | |
| 任务实施 | 1. 登录网站并查找比赛规则；<br>2. 阅读比赛规则；<br>3. 阅读并理解参赛队创建规则；<br>4. 阅读并理解财务管理规则、资金筹措和归还规则；<br>5. 阅读并理解人员管理规则；<br>6. 阅读并理解材料管理规则；<br>7. 阅读并理解机器采购和使用规则；<br>8. 阅读并理解研发规则；<br>9. 阅读并理解业务资源投入规则；<br>10. 掌握企业资源最佳配比计算规则；<br>11. 掌握定价规则；<br>12. 理解广告和促销应用规则；<br>13. 了解企业纳税、分红等规则；<br>14. 掌握企业现金收支次序；<br>15. 掌握企业经营决策评判规则 | | |

续表

| 学习总结与心得 | 1. 企业模拟经营过程中，确定企业资金筹措规则的方法；<br>2. 确定企业生产计划中各项资源最佳配比的方法；<br>3. 分析比赛结果；<br>4. 总结企业产品定价和数量调整的方法；<br>5. 谈谈未来企业模拟经营的发展方向 | | |
|---|---|---|---|
| 考核与评价 | 按照自评表考核 | | |
| | 考核成绩 | | |
| | 教师签名 | | 日期 |

## 自 评 报 告

学号：_____ 　　姓名：_____ 　　班级：_____

| 评分项目 | 要　　求 | 得分 |
|---|---|---|
| 查找经营规则的方法<br>（总分：10 分） | 简述在本软件中查找经营规则的方法。 | |
| 比赛规则组成<br>（总分：10 分） | 简述比赛规则的组成。 | |
| 财务管理规则<br>（总分：10 分） | 简述资金筹措方法和各自的特点。 | |
| 人员管理规则<br>（总分：10 分） | 分析人员招募和解雇的成本。 | |
| 设备管理规则<br>（总分：10 分） | 分析设备管理的相关规则。 | |
| 材料管理规则<br>（总分：10 分） | 分析材料管理的相关规则。 | |

续表

| 评分项目 | 要　　求 | 得分 |
|---|---|---|
| 市场规则<br>（总分：10分） | 分析广告和促销对于销量的影响。 | |
| 学习总结<br>（总分：30分） | 分析研发对产品等级的影响过程和特点。 | |

## 5.3　管理员管理比赛流程

管理比赛流程

### 5.3.1　比赛流程

教师作为教学管理者，通过申请可以获得一个赛区管理员账号。

管理员管理着整场比赛，主要工作包括：

（1）为每个参赛队创建账号，组织各个参赛队明确职责并分配角色；

（2）组织参赛队输入决策数据，并模拟比赛，公布比赛结果；

（3）分析比赛决策数据和比赛结果。

比赛的流程见图5-2。

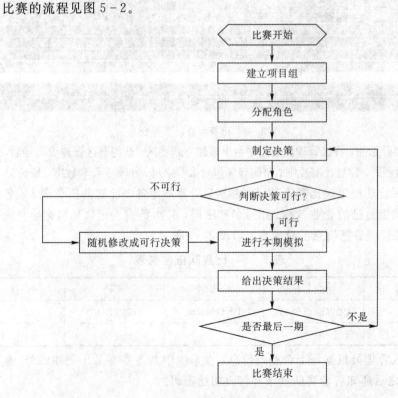

图5-2　比赛流程图

### 5.3.2 启动比赛

管理员根据比赛需要设置比赛初始数据。

比赛初始数据包括五类：

（1）初始资金数；

（2）贷款额度；

（3）设备数；

（4）安装人员数、管理人员数；

（5）器材数。

图5-3为赛区管理员设置比赛信息的界面。

| 比赛设置 | | |
|---|---|---|
| **基本信息** | | |
| 赛区 | 1 | |
| 管理员 | a1 | |
| 比赛名字 | a1的比赛 | |

| **比赛参数** | | |
|---|---|---|
| 参数名称 | 参数值 | 参数作用 |
| 总期数 | 9 | 比赛的总期数 |
| 总队伍数量 | 9 | 比赛的总队数 |
| 初始钱数 | 10000000 | 初始启动资金 |
| 初始贷款额度 | 10000000 | 初始贷款额度 |
| 宽带设备数 | 10 | 初始宽带设备数 |
| 话音设备数 | 10 | 初始话音设备数 |
| 宽带安装人员数 | 50 | 初始宽带安装人员数 |
| 话音安装人员数 | 50 | 初始话音安装人员数 |
| 宽带管理人员数 | 2 | 初始宽带管理人员数 |
| 话音管理人员数 | 2 | 初始话音管理人员数 |
| 宽带器材数 | 300 | 初始宽器材数 |
| 话音器材数 | 300 | 初始话音器材数 |

| **操作** | |
|---|---|
| 修改 | 修改 |

图5-3 比赛信息设置界面

比赛开始前，赛区管理员通过平台申请建立新赛区。获得赛区管理员账号后，首先修改初始密码，建立比赛规则。密码建议包含大写字母、小写字母和数字，最长15位。

赛区管理员组织比赛人员成立参赛队，并指定各个比赛队伍负责人。各参赛队协商确定自己的企业名称、账号名和密码，并由负责人把信息提交给赛区管理员。赛区管理员把信息汇总成表，如表5-5所示。

**表5-5 比赛队伍信息表**

| 序号 | 企业名称 | 账号名 | 密码 | 备注 |
|---|---|---|---|---|
| 1 | 北方通信公司 | BFTelecom | Su20170101 | |
| 2 | | | | |

赛区管理员根据每个企业的信息，在系统中为各参赛队伍创建账号（参见图5-4），之后通知各参赛队登录并修改初始密码。

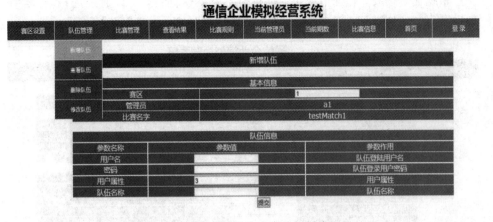

图 5-4　赛区管理员为参赛队伍创建账号

> **警示**
>
> 比赛期间，需要查询企业数据、输入决策信息等。一般由队长负责管理账号。

### 5.3.3　比赛的管理

比赛第 1 轮开始前，管理员通知各个参赛队比赛开始。

结束本轮比赛，并模拟结果前，赛区管理员需要确认各个参赛队的决策已制定完成，并按时提交。

本期决策时间结束前，赛区管理员提醒各队提交决策，管理员根据情况开始决策模拟。没有按时提交决策的参赛队，系统会依据其上期的决策，随机自动生成本期决策。

管理员选择"比赛管理"项下的"比赛进入下一轮"完成本期模拟，并进入下一轮，见图 5-5。

**通信企业模拟经营系统**

| 赛区设置 | 队伍管理 | 比赛管理 | 查看结果 | 比赛规则 | 当前管理员 | 当前期数 | 比赛信息 | 首页 | 登录 |
|---|---|---|---|---|---|---|---|---|---|

| 比赛进入下一轮 | | |
|---|---|---|
| **基本信息** | | |
| 赛区 | 1 | |
| 管理员 | a1 | |
| 比赛名字 | testMatch1 | |
| **操作内容** | | |
| 操作名称 | 参数值 | 操作作用 |
| 1进入下一轮 | | 比赛进入下一轮 |
| 2计算本论结果 | | 计算本论计算结果 |
| 3更新企业信息 | | 更新企业资产和研发等级等信息 |
| 4其它操作 | | 其它操作 |

提交

图 5-5　比赛进入下一轮

根据比赛需要，特殊情况下，征得全部参赛队同意，可以通过选择"比赛管理"项下的"比赛返回上一轮"操作返回到上一轮比赛，详见图5-6。

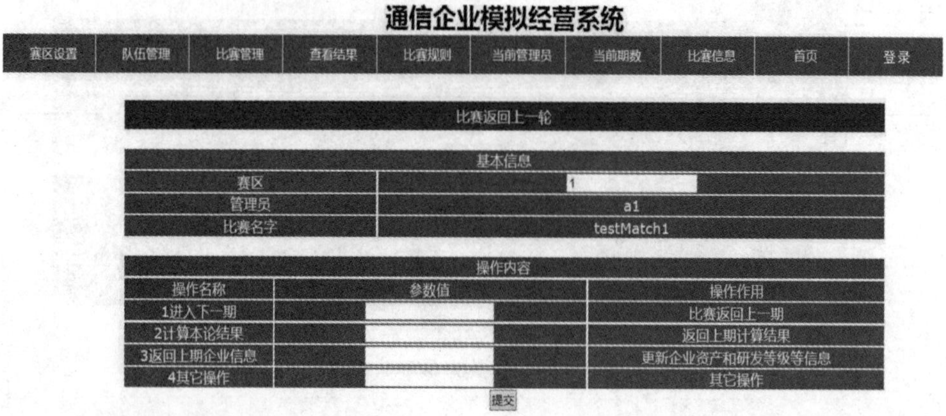

图5-6 返回上一轮比赛

## 5.3.4 结束比赛

比赛进行到最后一期时，赛区管理员应该在比赛结束后，公布结果，分析结果等动作完成后，需要重置赛区，详见图5-7。

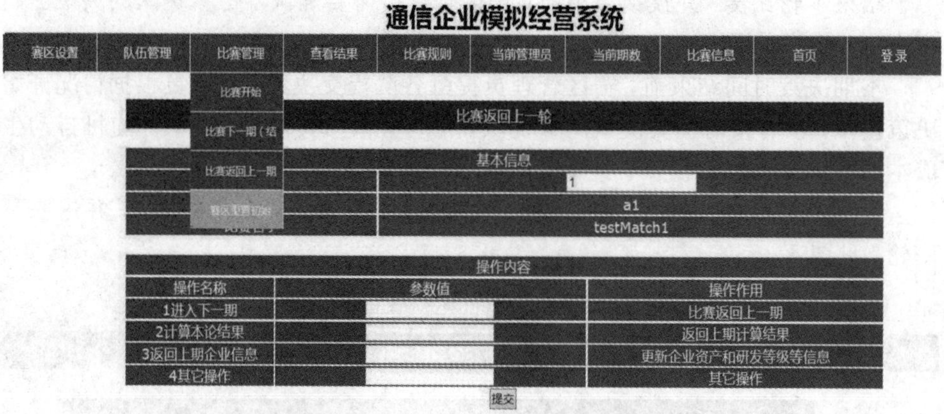

图5-7 赛区重置

## 5.3.5 学习工单和自评报告

### 学 习 工 单

| 班级 | | 组别 | |
|---|---|---|---|
| 组员 | | 指导教师 | |
| 学习单元 | 管理员管理比赛的流程 | | |
| 工作任务 | 以小组为单位，在网站上进行比赛流程分析 | | |

续表

| 任务描述 | 1. 建立小组，选出小组负责人，并给组员进行任务划分；<br>2. 组员分别讲解比赛流程；<br>3. 讨论比赛流程管理的主要内容；<br>4. 对比赛结果的管理进行讨论；<br>5. 完成自评表，进行自主考核 |
|---|---|
| 前期准备 | 1. 上网站查阅相关内容，掌握比赛流程；<br>2. 分析比赛流程中的关键节点 |
| 任务实施 | 1. 掌握比赛的启动过程；<br>2. 掌握比赛队伍的创建方法；<br>3. 了解比赛进入下一轮的条件；<br>4. 了解比赛返回上一轮的条件；<br>5. 了解比赛结束的条件；<br>6. 掌握比赛结束后，查询比赛结果信息的方法和步骤；<br>7. 掌握比赛历史数据的查询方法；<br>8. 掌握重置赛区的方法 |
| 学习总结与心得 | 1. 启动比赛前需要注意的事项；<br>2. 比赛进入下一轮的方法；<br>3. 根据本轮结果调整下轮决策的方法；<br>4. 比赛返回上一轮的条件；<br>5. 查询比赛历史数据的方法 |
| 考核与评价 | 按照自评表考核 |
| | 考核成绩 |
| | 教师签名　　　　　　日期 |

## 自 评 报 告

学号：_____ 姓名：_____ 班级：_____

| 评分项目 | 要　求 | 得分 |
|---|---|---|
| 小组角色组成和各自特点<br>（总分：10分） | 分析负责人和各个角色的特点。 | |
| 参赛队的成立过程<br>（总分：10分） | 简述负责人和各个角色的产生过程。 | |

续表

| 评分项目 | 要　　求 | 得分 |
|---|---|---|
| 比赛开始前的<br>准备工作<br>（总分：10分） | 简述比赛开始前的准备工作。 | |
| 比赛进入<br>下一轮的条件<br>（总分：10分） | 简述比赛进入下一轮的条件。 | |
| 比赛返回<br>上一轮的条件<br>（总分：10分） | 简述比赛返回上一轮的条件。 | |
| 比赛结束条件<br>（总分：10分） | 简述比赛结束的条件。 | |
| 比赛结果查询<br>（总分：10分） | 简述比赛结果的查询方法。 | |
| 总结<br>（总分：30分） | 简述比赛结果的组成及查询方法。 | |

## 5.4　参赛队参赛步骤

### 5.4.1　创建团队

　　根据组队规则，创建六人的模拟企业团队，并讨论决定相关信息。

　　团队建立后，最主要的工作就是划分角色，包括生产经理、供应链经理、财务经理、研发经理、人力经理、市场经理，其角色配置界面见图 5-8。

参赛步骤

| 角色分工 | | |
|---|---|---|
| 基本信息 | | |
| 赛区 | 1 | |
| 公司 | 15 | |
| 角色分工 | | |
| 角色 | 名字 | 主要工作 |
| 生产经理 | 5555 | 安排各项业务的人员、设备和器材投入 |
| 供应链经理 | 2 | 设备、原料的采购 |
| 财务经理 | 3 | 筹集资金、缴纳税金等计算各种账目 |
| 研发经理 | 5 | 确定研发费用投入 |
| 人力经理 | 5 | 人员的雇佣、解雇和培训 |
| 市场经理 | 6 | 确定市场的业务投放量和价格，以及广告和促销费 |
| 操作 | | |
| 修改角色 | 修改 | |
| 清空角色 | 删除 | |

图 5-8　角色配置界面

## 5.4.2　企业比赛规则查询

参赛队伍开始比赛前，要了解比赛规则。制定企业生产计划，要熟悉每一个业务所需资源数。当人员等资源不足时，如何购买资源，购买的资源如何使用，都需要查看比赛规则。确定业务单价、预测市场容量、制定销售计划都需要熟悉相关规则。比赛规则包括财务规则、人力规则、供应链规则、研发规则、生产规则、市场规则等六方面，其查询方法见图 5-9。

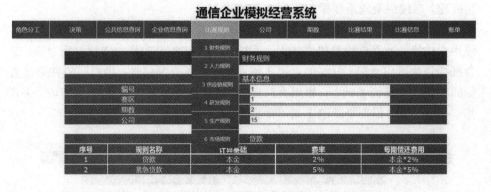

图 5-9　查询比赛规则

## 5.4.3　账单信息查询

查询上期收支等具体信息时，需要选择"账单"，获取账单信息。账单信息首先给出"1 上期结转来金额"，给出最初资金额；在此基础上，通过"2 银行贷款"和"3 抵押贷款"两种贷款形式，获得更多可以支配金额；"4 新工人培训费"到"9 材料采购费"均为支出费用；"10 购原材料优惠"为大批量购买材料优惠金额，算作收入；"11 管理费"到"15 原材料存储费"均为支出费用；"16 付银行贷款"到"19 抵押贷款利息"均为偿还银行贷款和利息的费用；"20 剩余现金"给出一个企业期末现金额，详见图 5-10。

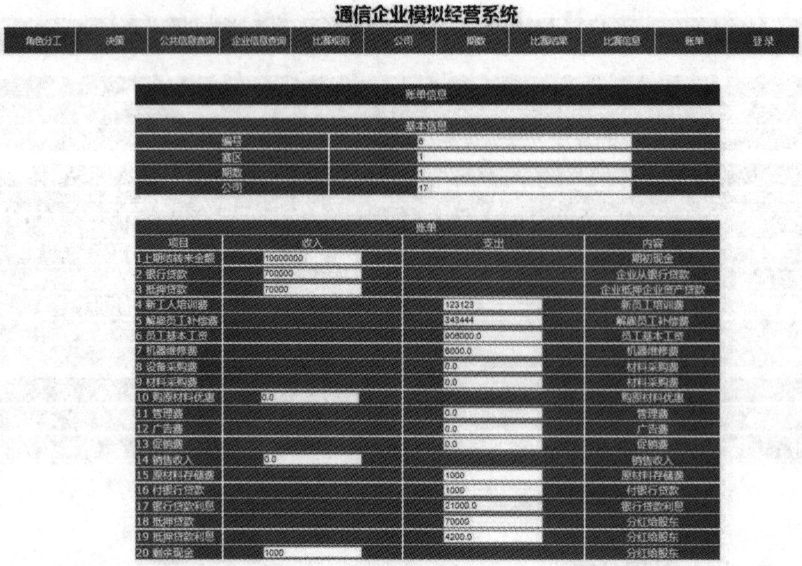

通信企业模拟经营系统

| 角色分工 | 决策 | 公共信息查询 | 企业信息查询 | 比赛规则 | 公司 | 期数 | 比赛结果 | 比赛信息 | 账单 | 登录 |
|---|---|---|---|---|---|---|---|---|---|---|

账单信息

| 基本信息 | |
|---|---|
| 编号 | 6 |
| 赛区 | 1 |
| 期数 | 1 |
| 公司 | 17 |

| 账单 | | | |
|---|---|---|---|
| 项目 | 收入 | 支出 | 内容 |
| 1 上期结转来金额 | 10000000 | | 期初现金 |
| 2 银行贷款 | 700000 | | 企业从银行贷款 |
| 3 抵押贷款 | 70000 | | 企业抵押企业资产贷款 |
| 4 新工人培训费 | | 123123 | 新员工培训费 |
| 5 解雇员工补偿费 | | 343444 | 解雇员工补偿费 |
| 6 员工基本工资 | | 906000.0 | 员工基本工资 |
| 7 机器维修费 | | 6000.0 | 机器维修费 |
| 8 设备采购费 | | 0.0 | 材料采购费 |
| 9 材料采购费 | | 0.0 | 材料采购费 |
| 10 购原材料优惠 | 0.0 | | 购原材料优惠 |
| 11 管理费 | | 0.0 | 管理费 |
| 12 广告费 | | 0.0 | 广告费 |
| 13 促销费 | | 0.0 | 促销费 |
| 14 销售收入 | 0.0 | | 销售收入 |
| 15 原材料存储费 | | 1000 | 原材料存储费 |
| 16 付银行贷款 | | 1000 | 付银行贷款 |
| 17 银行贷款利息 | | 21000.0 | 银行贷款利息 |
| 18 抵押贷款 | | 70000 | 分红给股东 |
| 19 抵押贷款利息 | | 4200.0 | 分红给股东 |
| 20 剩余现金 | 1000 | | 分红给股东 |

图 5-10 账单信息

## 5.4.4 决策

企业决策包括财务部决策、人力资源部决策、供应链部门决策、研发部门决策、生产部门决策、市场部门决策六部分。用户在制定决策时，依照逻辑关系，必须按照顺序依次做出这六个决策，修改某项决策后，其后续现金额等内容将发生改变，后续决策均需要做相应修改。

财务部决策主要包括三项，分别为基本贷款、紧急抵押贷款和分红。为了方便用户决策，为用户决策提供依据，系统提供期初现金、基本贷款可用金额、紧急抵押贷款可用金额、分红的可用金额、融资后现金等信息。用户一般在系统提供的期初现金金额基础上，根据自己预估的所需金额，在可用金额范围内，采用基本贷款、紧急抵押贷款的形式筹集资金。财务部决策界面详见图 5-11。

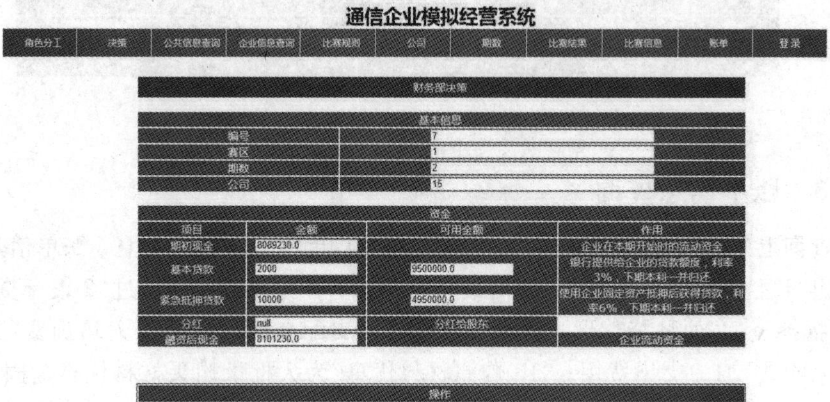

通信企业模拟经营系统

| 角色分工 | 决策 | 公共信息查询 | 企业信息查询 | 比赛规则 | 公司 | 期数 | 比赛结果 | 比赛信息 | 账单 | 登录 |
|---|---|---|---|---|---|---|---|---|---|---|

财务部决策

| 基本信息 | |
|---|---|
| 编号 | 7 |
| 赛区 | 1 |
| 期数 | 2 |
| 公司 | 15 |

| 资金 | | | |
|---|---|---|---|
| 项目 | 金额 | 可用金额 | 作用 |
| 期初现金 | 8089230.0 | | 企业在本期开始时的流动资金 |
| 基本贷款 | 2000 | 9500000.0 | 银行提供给企业的贷款额度，利率3%，下期本利一并归还 |
| 紧急抵押贷款 | 10000 | 4950000.0 | 使用企业固定资产抵押后获得贷款，利率6%，下期本利一并归还 |
| 分红 | null | 分红给股东 | |
| 融资后现金 | 8101230.0 | | 企业流动资金 |

| 操作 | |
|---|---|
| 提交决策 | 提交 |

图 5-11 财务部决策界面

人力资源部决策主要包括雇佣人员和解雇人员两类,每类又分为四个组成部分,分别包括宽带业务装维人员、话音业务装维人员、宽带业务管理人员、话音业务管理人员。为了方便用户确定雇佣人员和解雇人员数量,系统提供了原有人数,用户需要按照规则并根据原有人数确定本次雇佣或解雇人数,并注意现金额度是否满足要求。人力资源部决策界面详见图5-12。

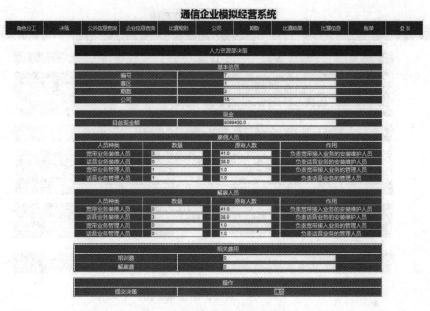

图5-12 人力资源部决策界面

供应链部门决策主要包括器材采购和设备采购两类,每类又根据其服务宽带业务和话音业务的不同分为两类,包括宽带业务器材采购、话音业务器材采购、宽带业务设备采购、话音业务设备采购。购买时要根据现有金额决定购买数量,详见图5-13。

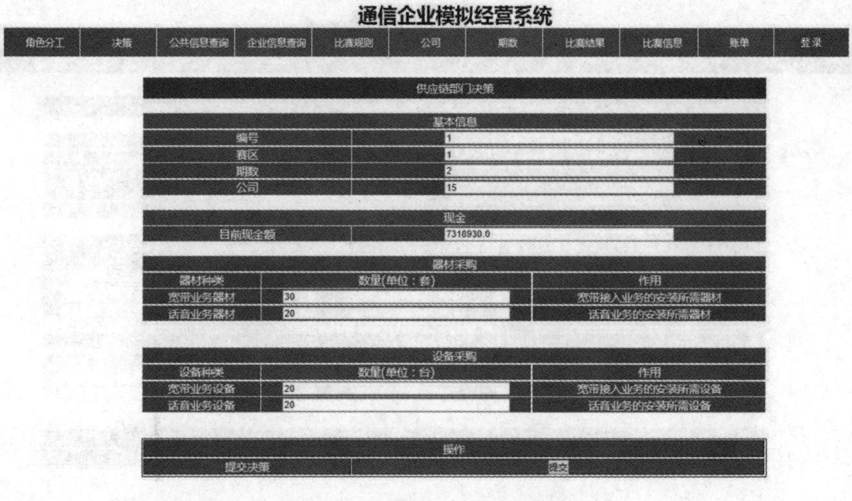

图5-13 供应链部门决策界面

研发部门决策主要体现为研发费用投入，分为宽带业务研发费投入和话音业务研发费投入两类。宽带业务研发费投入具体分为初级宽带业务、中级宽带业务、高级宽带业务三部分；话音业务研发费投入具体分为固定话音业务、移动话音业务两部分。研发费用投入时要根据现有金额和企业业务发展需要决定每种业务的具体投入金额，详见图5-14。

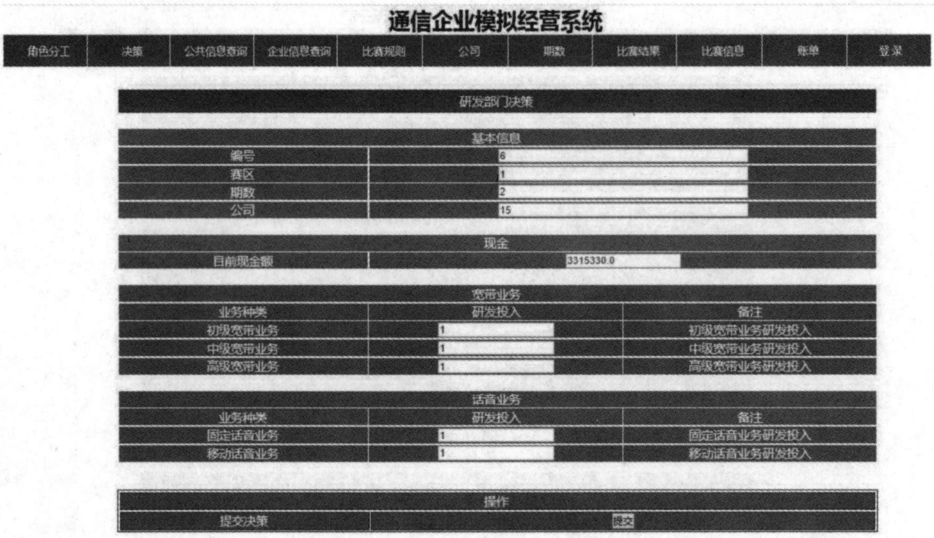

图 5-14 研发部门决策界面

生产部门决策主要确定各种业务投入的设备、人员和器材数量。生产部门决策分为宽带业务生产决策和话音业务生产决策两类。宽带业务生产决策分为初级宽带业务、中级宽带业务、高级宽带业务三部分；话音业务生产决策分为固定话音业务、移动话音业务两部分。确定生产决策前，要先查询企业拥有的机器数量、装维人员数量、管理人员数量、器材数量等信息，决策时要根据现有金额和企业业务发展需要，确定每种业务的具体投入设备、人员和器材数量，详见图5-15。

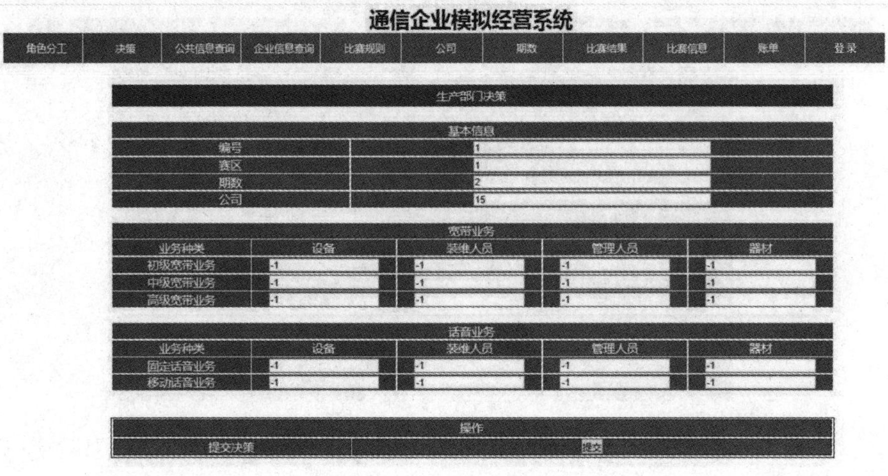

图 5-15 生产部门决策界面

市场部门决策主要确定各种业务在各市场的投放数量和价格，以及为了提高市场销量投入的广告费和促销费等情况。市场部门决策分为宽带业务市场决策和话音业务市场决策两类。宽带业务市场决策分为三种子业务；话音业务市场决策分为两种子业务。市场决策要针对每种子业务，分别确定其在市场一和市场二的价格、数量，并针对每种子业务确定其广告费，针对每个市场确定促销费。决策还包括在每个市场投入业务时所需的管理费用。决策要根据现有金额和企业业务发展需要制定，详见图 5-16。

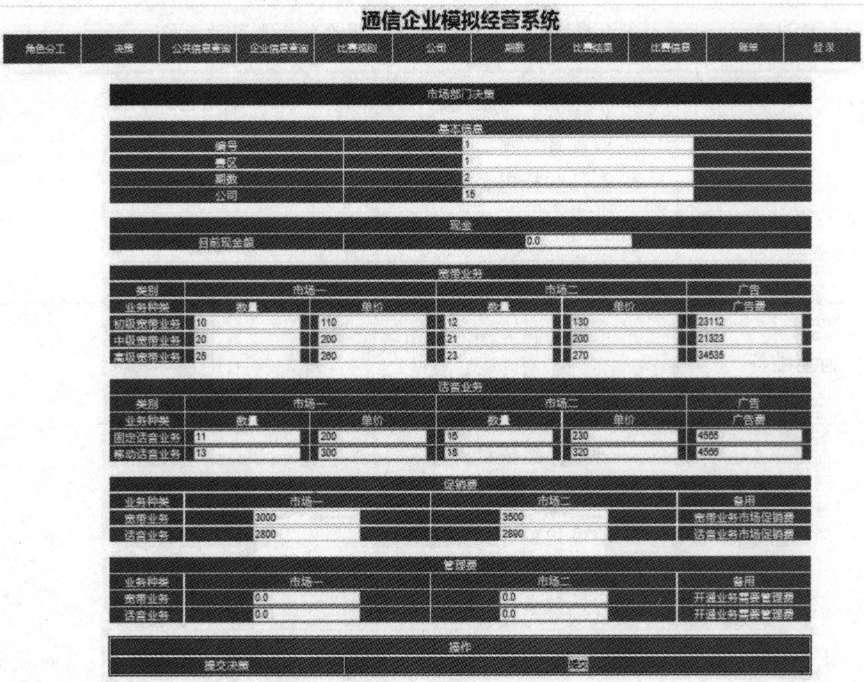

图 5-16 市场部门决策界面

## 5.4.5 比赛结果

每期比赛结束后，可以通过比赛结果菜单查看本期结果，见图 5-17。

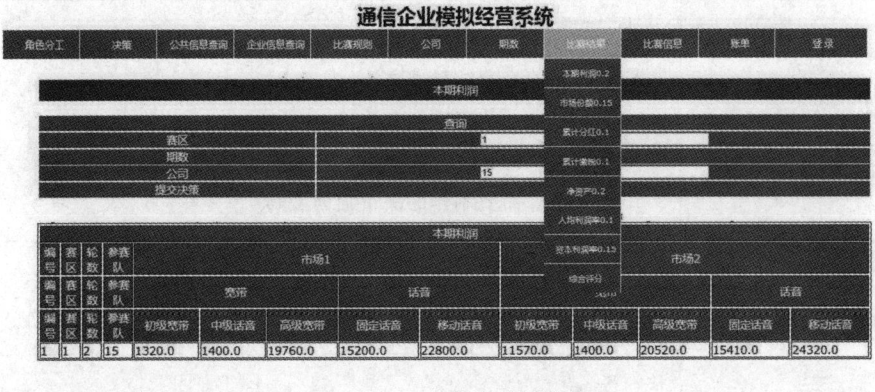

图 5-17 比赛结果菜单

## 5.4.6 学习工单和自评报告

### 学 习 工 单

| 班级 | | 组别 | |
|---|---|---|---|
| 组员 | | 指导教师 | |
| 学习单元 | 参赛队的参赛步骤 | | |
| 工作任务 | 成立参赛队，选出负责人，明确各个人员的角色 | | |
| 任务描述 | 1. 小组成员名单确定，选出负责人，分配角色；<br>2. 明确各个角色的责任；<br>3. 查询并分析企业信息；<br>4. 分工制定决策；<br>5. 分析比赛结果，调整下期决策 | | |
| 前期准备 | 1. 上网查找并阅读各角色职责；<br>2. 分析比赛结果的影响因素 | | |
| 任务实施 | 1. 确定小组成员；<br>2. 选出小组负责人；<br>3. 明确角色分工和职责；<br>4. 确定账号名称和密码；<br>5. 共同学习比赛规则；<br>6. 学习决策制定方法；<br>7. 确定本组的决策制定过程和角色责任；<br>8. 掌握决策工具制作方法；<br>9. 掌握结果分析方法；<br>10. 分析市场；<br>11. 制定本组的竞争策略 | | |
| 学习总结与心得 | 1. 本软件中，企业经营决策的制定过程；<br>2. 分析企业经营结果的方法；<br>3. 制定企业经营策略的方法；<br>4. 修改决策的方法；<br>5. 谈一下你需要制作的决策辅助工具 | | |
| 考核与评价 | 按照自评表考核 | | |
| | 考核成绩 | | |
| | 教师签名 | | 日期 | |

# 自 评 报 告

学号：_____    姓名：_____    班级：_____

| 评分项目 | 要　　求 | 得分 |
|---|---|---|
| 小组负责人的责任<br>（总分：10分） | 分析小组负责人的责任。<br>_____<br>_____<br>_____ | |
| 财务经理的责任<br>（总分：10分） | 分析财务经理的责任。<br>_____<br>_____<br>_____ | |
| 采购部门经理的责任<br>（总分：10分） | 分析采购部门经理的责任。<br>_____<br>_____<br>_____ | |
| 研发部门经理的责任<br>（总分：10分） | 分析研发部门经理的责任。<br>_____<br>_____<br>_____ | |
| 生产部门经理的责任<br>（总分：10分） | 分析生产部门经理的责任。<br>_____<br>_____<br>_____ | |
| 市场部门经理的责任<br>（总分：10分） | 分析市场部门经理的责任。<br>_____<br>_____<br>_____ | |
| 角色分工及责任<br>（总分：10分） | 分析各个角色的分工及主要责任。<br>_____<br>_____ | |
| 学习总结<br>（总分：30分） | _____<br>_____<br>_____<br>_____<br>_____<br>_____ | |

比赛结果分析

## 5.5 比赛结果分析

### 5.5.1 价格

每期比赛结束后，参赛者可以查看各个企业各期比赛中的业务单价，并进行比较和分析。为了获得更大的市场份额，企业可以在计算业务成本的基础上，合理降价。价格信息可从"公共信息查询"菜单中查得，见图 5-18。

**通信企业模拟经营系统**

| 角色分工 | 决策 | 公共信息查询 | 企业信息查询 | 比赛规则 | 公司 | 期数 | 比赛结果 | 比赛信息 | 账单 | 登录 |
|---|---|---|---|---|---|---|---|---|---|---|

| | | 价格信息 | | 各公司价格 | | | | | | |
|---|---|---|---|---|---|---|---|---|---|---|
| | | 份额信息 | | 查询 | | | | | | |
| | | 利润 | | 1 | | | | | | |
| | | 现金 | | 15 | 1 ∨ | | | | | |
| | | 人员 | | 提交 | | | | | | |
| | | 机器 | | 本期业务价格列表 | | | | | | |

| 编号 | 赛区 | 轮数 | 参赛队 | 市场一 | | | | | 市场二 | | | | |
|---|---|---|---|---|---|---|---|---|---|---|---|---|---|
| 编号 | 赛区 | 轮数 | 参赛队 | 升级宽带单价 | 高级宽带单价 | 固定话音单价 | 移动话音单价 | 普通宽带单价 | 升级宽带单价 | 高级宽带单价 | 固定话音单价 | 移动话音单价 |
| 1 | 1 | 2 | 15 | 00 | 260 | 200 | 300 | 130 | 200 | 270 | 230 | 320 |
| 2 | 1 | 2 | 17 | 20 | 255 | 220 | 320 | 140 | 230 | 285 | 250 | 330 |

图 5-18 "公共信息查询"菜单

### 5.5.2 份额

每期比赛结束后，参赛者可以通过份额查询界面看到到目前为止，企业的各个业务在各市场的市场份额。通过份额分析，可以找到那些市场份额过低的业务，作为企业努力的方向；也可以找到高于平均份额的业务，通过提高服务质量等措施保持其优势。示例见图 5-19。

**通信企业模拟经营系统**

| 角色分工 | 决策 | 公共信息查询 | 企业信息查询 | 比赛规则 | 公司 | 期数 | 比赛结果 | 比赛信息 | 账单 | 登录 |
|---|---|---|---|---|---|---|---|---|---|---|

| 各公司份额 | | | |
|---|---|---|---|
| 查询 | | | |
| 赛区 | 1 | | |
| 期数 | 1 ∨ | | |
| 公司 | 15 | | |
| 提交决策 | 提交 | | |

| | 各公司份额 | | | | | | | | | | | |
|---|---|---|---|---|---|---|---|---|---|---|---|---|---|

| 编号 | 赛区 | 轮数 | 参赛队 | 市场一 | | | | | 市场二 | | | | |
|---|---|---|---|---|---|---|---|---|---|---|---|---|---|
| 编号 | 赛区 | 轮数 | 参赛队 | 普通宽带份额 | 升级宽带份额 | 高级宽带份额 | 固定话音份额 | 移动话音份额 | 普通宽带份额 | 升级宽带份额 | 高级宽带份额 | 固定话音份额 | 移动话音份额 |
| 1 | 1 | 2 | 15 | 110 | 200 | 260 | 200 | 300 | 130 | 200 | 270 | 230 | 320 |
| 2 | 1 | 2 | 17 | 125 | 220 | 255 | 220 | 320 | 140 | 230 | 285 | 250 | 330 |

图 5-19 比赛结果份额界面

### 5.5.3 现金

每期比赛结束后，参赛者可以查看每个企业的现金额度。当发现现金不足时，应控制设备购买、新员工雇佣、研发等投入，并增加市场的产品投放和销售，尽快获取现金。比赛结果现金界面示例见图 5-20。

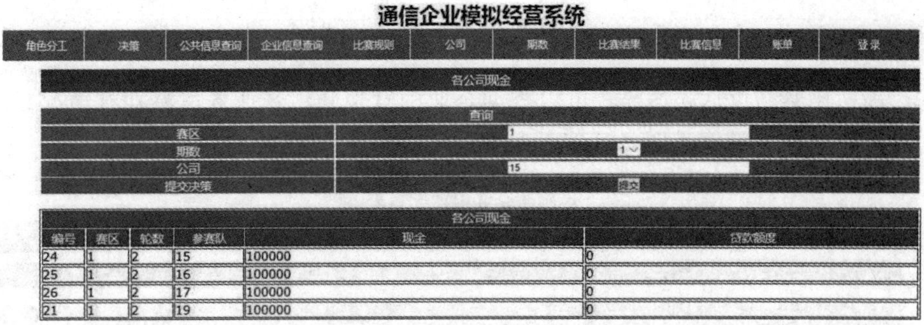


| 编号 | 赛区 | 轮数 | 参赛队 | 现金 | 贷款额度 |
|---|---|---|---|---|---|
| 24 | 1 | 2 | 15 | 100000 | 0 |
| 25 | 1 | 2 | 16 | 100000 | 0 |
| 26 | 1 | 2 | 17 | 100000 | 0 |
| 21 | 1 | 2 | 19 | 100000 | 0 |

图 5-20　比赛结果现金额度界面

## 5.5.4　人员信息

每期比赛结束后，参赛者可以查询人员信息，以分析企业人力是否充足。人力不足时，下期决策应雇佣新人，以弥补人力资源不足。人员信息界面示例见图 5-21。

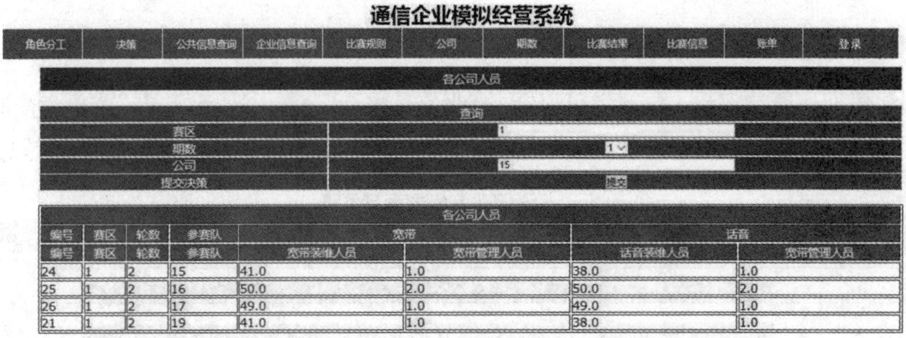


| 编号 | 赛区 | 轮数 | 参赛队 | 宽带 | | 话音 | |
|---|---|---|---|---|---|---|---|
| 编号 | 赛区 | 轮数 | 参赛队 | 宽带装维人员 | 宽带管理人员 | 话音装维人员 | 宽带管理人员 |
| 24 | 1 | 2 | 15 | 41.0 | 1.0 | 38.0 | 1.0 |
| 25 | 1 | 2 | 16 | 50.0 | 2.0 | 50.0 | 2.0 |
| 26 | 1 | 2 | 17 | 49.0 | 1.0 | 49.0 | 1.0 |
| 21 | 1 | 2 | 19 | 41.0 | 1.0 | 38.0 | 1.0 |

图 5-21　比赛结果人员信息界面

## 5.5.5　机器数量

每期比赛结束后，参赛者可以在“公共信息查询”菜单选择“机器”菜单，以查询各企业拥有的机器数量。可以据此分析判断本企业机器数量是否理想。机器数量不足时可在下期决策中采用购买设备。机器查询结果示例见图 5-22。

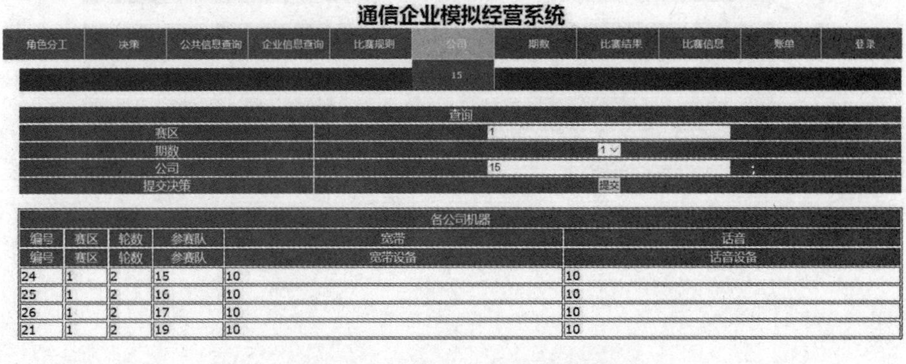


| 编号 | 赛区 | 轮数 | 参赛队 | 宽带 | 话音 |
|---|---|---|---|---|---|
| 编号 | 赛区 | 轮数 | 参赛队 | 宽带设备 | 话音设备 |
| 24 | 1 | 2 | 15 | 10 | 10 |
| 25 | 1 | 2 | 16 | 10 | 10 |
| 26 | 1 | 2 | 17 | 10 | 10 |
| 21 | 1 | 2 | 19 | 10 | 10 |

图 5-22　比赛结果机器数量界面

### 5.5.6 材料

每期比赛结束后，参赛者可以查询企业的宽带和话音业务材料拥有情况。企业材料查询结果示例见图 5-23。

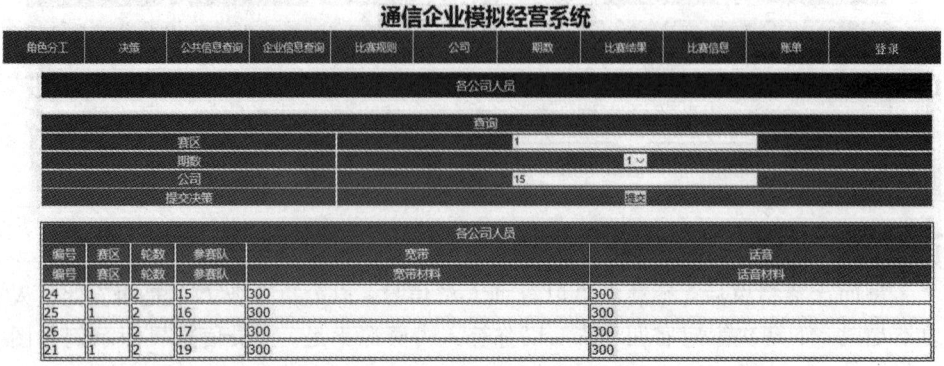

图 5-23 比赛结果材料数量界面

### 5.5.7 企业资产信息查询

每期比赛结束后，参赛者可以在"企业信息查询"菜单，选择"资产"菜单，查询企业当前拥有的设备、器材、装维人员、管理人员、财务等信息。示例见图 5-24。

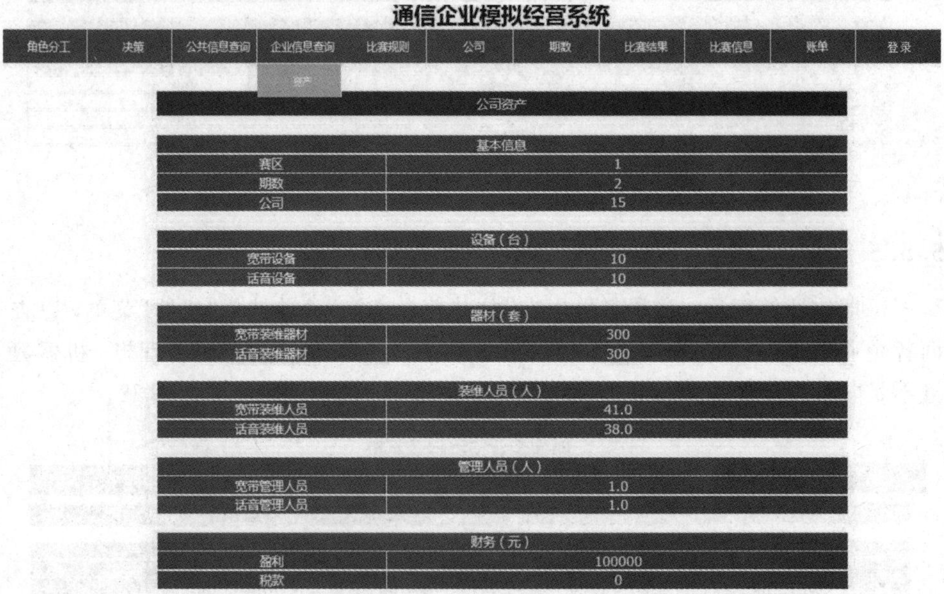

图 5-24 企业资产信息界面

## 5.5.8 学习工单和自评报告

### 学 习 工 单

| 班级 | | 组别 | |
|---|---|---|---|
| 组员 | | 指导教师 | |
| 学习单元 | 比赛结果分析 | | |
| 工作任务 | 以小组为单位分析比赛结果 | | |
| 任务描述 | 1. 分析比赛结果影响因素;<br>2. 组员分别学习结果相关规则;<br>3. 从企业资产、盈利等角度分析比赛结果;<br>4. 组内讨论根据比赛结果制定下期决策的方法;<br>5. 完成自评表,进行自主考核 | | |
| 前期准备 | 1. 上网找到并阅读比赛结果相关规则;<br>2. 复习决策结果分析方法 | | |
| 任务实施步骤 | 1. 对企业经营模拟结果的相关规则进行学习;<br>2. 了解企业决策结果的分析方法;<br>3. 了解企业现状,包括资金、库存等;<br>4. 了解企业决策对于结果的影响;<br>5. 掌握价格、促销和广告对于销量的影响;<br>6. 掌握机器和人员分配对于业务数量的影响;<br>7. 掌握资本利润率的计算方法;<br>8. 掌握人均利润率的计算方法;<br>9. 了解分红对于结果的影响;<br>10. 分析市场容量的变化规律,为下期决策做准备;<br>11. 分析资产负债对于结果的影响;<br>12. 分析企业资金对于结果的影响;<br>13. 了解机器等固定资产对于结果的影响;<br>14. 通过阅读规则掌握企业经营结果的评判标准 | | |
| 学习总结与心得 | 1. 企业经营过程中,决策结果的判定标准;<br>2. 针对你的企业,分析决策结果与预期的差距;<br>3. 试分析企业固定资产对于结果的影响;<br>4. 试分析企业经营结果与企业发展阶段的关系;<br>5. 谈一下你对企业经营模拟的结果评判标准的建议 | | |
| 考核与评价 | 按照自评表考核 | | |
| | 考核成绩 | | |
| | 教师签名 | 日期 | |

# 自 评 报 告

学号：_____　　　姓名：_____　　　班级：_____

| 评分项目 | 要　　求 | 得分 |
|---|---|---|
| 比赛结果影响因素<br>（总分：10分） | 列举比赛结果影响因素？ | |
| 各部门的相关规则<br>（总分：10分） | 简述各部门需要阅读的相关规则。 | |
| 企业财务对比赛<br>结果的影响<br>（总分：10分） | 从企业资产、盈利等角度分析比赛结果。 | |
| 比赛结果分析及<br>决策调整方法<br>（总分：10分） | 根据比赛结果，调整决策的方法。 | |
| 人员结构对于企业<br>业务数量的影响<br>（总分：10分） | 分析人员结构对于企业业务数量的影响。 | |

续表

| 评分项目 | 要　　求 | 得分 |
|---|---|---|
| 资本利润率和人均利润率的各自特点和用途<br>（总分：10分，每项两分） | 分析资本利润率和人均利润率对于结果的影响。<br><br><br><br><br> | |
| 市场容量的预测方法<br>（总分：10分） | 分析市场容量的预测方法。<br><br><br><br><br> | |
| 学习总结<br>（总分：30分） | 简述使用 Excel 表制作决策辅助工具的方法。<br><br><br><br><br> | |

## 5.6　其他信息

　　关于最新的系统信息，包括比赛赛区申请方法，最新的管理员手册和参赛手册等内容，请登录 http：//www.busimu-corp.com 网站获取。

第5章练习题

# 参 考 文 献

[1] 孙青华,史永琳,曲文敬. 企业经营模拟实战. 校内讲义,2016.

[2] 梁雄健,孙青华,张静,等. 通信网规划理论与实务. 北京:北京邮电大学出版社,2006.